软装饰设计

主　编　吴　冰　高　莹
副主编　张　璐　刘建伟　刘鸿杰

天津大学出版社
TIANJIN UNIVERSITY PRESS

图书在版编目（CIP）数据

软装饰设计 / 吴冰，高莹主编 ；张璐，刘建伟，刘鸿杰副主编. -- 天津 ：天津大学出版社，2025. 6.

ISBN 978-7-5618-7918-4

Ⅰ. TU238.2

中国国家版本馆CIP数据核字第2025CZ3992号

软装饰设计

RUANZHUANGSHI SHEJI

出版发行 天津大学出版社

地　　址 天津市卫津路92号天津大学内（邮编：300072）

电　　话 发行部：022-27403647

网　　址 www.tjupress.com.cn

印　　刷 北京盛通数码印刷有限公司

经　　销 全国各地新华书店

开　　本 787mm×1092mm　1/16

印　　张 9.75

字　　数 201千

版　　次 2025年6月第1版

印　　次 2025年6月第1次

定　　价 59.00元

前　言

在人类文明的长河中，软装饰始终以灵动的姿态诉说着时代的审美与生活哲学。从敦煌壁画中飘逸的帷幔，到欧洲宫廷里繁复的刺绣挂毯，软装不仅是空间的美学注脚，更是文化记忆与情感温度的具象表达。本书以软装历史为脉络，系统梳理东西方装饰艺术的演进轨迹，从传统营造法式到现代设计思潮，为读者搭建起贯通古今的认知框架。

本书的核心特色在于对软装饰品设计制作的深度挖掘。中国结的经纬交错间凝结着东方智慧，木艺台灯的温润肌理传递着自然韵律，编织工艺的纹理变化诉说着匠人的巧思，铜丝画的立体构图展现着材质的独特魅力。书中以丰富案例与实操步骤，将抽象的设计理论转化为可落地的创作指南，内容涵盖材料选择、工艺技法、创新应用等维度，帮助读者掌握从灵感构思到成品呈现的完整流程。

无论是专业设计师寻求跨界灵感，还是手工爱好者探索艺术表达，本书都将成为激发创意的实用手册。希望读者在实践中感受软装设计的多元魅力，在传统工艺与现代设计的碰撞中，创造出兼具美学价值与人文关怀的空间作品，让每一件亲手制作的软装饰品都成为点亮生活的艺术之光。

限于作者水平和时间等因素，书中难免存在疏漏之处，敬请广大读者惠予指正。

编者

2025 年 4 月

目　录

模块 1　室内陈设设计主流风格解析

项目 1　欧式古典、欧式新古典、美式风格解析及应用

<table>
<tr><td rowspan="3">教学目标</td><td>素质目标</td><td>1. 培养学生发现、观察与积累日常生活中美好事物的意识。
2. 培养学生对不同风格饰品的理解能力。
3. 培养学生的创新思维</td></tr>
<tr><td>知识目标</td><td>1. 掌握欧式古典、欧式新古典、美式风格家具、陈设品的特点。
2. 掌握欧式古典、欧式新古典、美式风格家具、陈设品的分辨技巧。
3. 了解饰品工艺的生产流程</td></tr>
<tr><td>能力目标</td><td>1. 具备运用欧式古典、欧式新古典、美式风格家具、陈设品的特点对家具、陈设品进行分辨的能力。
2. 具备运用理论知识，进行家居饰品搭配的能力</td></tr>
<tr><td rowspan="3">教学内容</td><td>主要知识点与技能</td><td>1. 欧式古典风格：巴洛克家具的特点、陈设品的特点，不同国家洛可可风格陈设品的特点。
2. 欧式新古典风格：欧式新古典风格的特点、家具的特点、陈设品的特点。
3. 美式风格：美式陈设品的特点</td></tr>
<tr><td>教学重点</td><td>1. 欧式古典、欧式新古典、美式风格家具的特点。
2. 欧式古典、欧式新古典、美式风格陈设品的特点</td></tr>
<tr><td>教学难点</td><td>将欧式古典、欧式新古典、美式风格家具、陈设品的特点之间的差异讲清楚，能够让学生很好地进行分辨</td></tr>
</table>

课前

课前导入	问题发布	答案区
观看不同风格的居室设计图片，使学生对室内的家具、陈设品有一个感性认识	1. 图片上的家具有什么特点？ 2. 图片上的陈设品有什么特点？	

课中

情境引入

欧式风格强调以华丽的装饰、浓烈的色彩、精美的造型达到雍容华贵的装饰效果，其建筑类型有哥特式建筑、巴洛克建筑、法国古典主义建筑、古罗马建筑、古典复兴建筑、罗曼式建筑、文艺复兴建筑、浪漫主义建筑、折中主义建筑。喷泉、罗马柱、雕塑、尖塔、八角房这些都是典型的欧式建筑。美式风格主要包括四个主要时期的风格，即古典时期的风格、文艺复兴时期的古典风格、中世纪时期的风格、现代风格。古典风格参照了古罗马或古希腊时期的纪念物风格，和它较为类似的文艺复兴时期的古典风格起源于 15 世纪的意大利，是对古典建筑的复兴，这两种古典风格具有许多相同的建筑细部。第三种美式风格出现在中世纪时期，在时间上连接古典风格和文艺复兴古典风格，这一时期的建筑风格主要参照教堂建筑纯正的哥特风格，也有居住建筑。英国和法国这一时期的建筑风格对北美住宅的影响最大。第四种美式风格是现代风格，开始于 19 世纪晚期并延续到现在。它没有过多的装饰，外部效果简洁朴素，新的结构技术的应用使其空间有了变化的余地。其他影响北美住宅的风格有西班牙风格，包括北美地区西班牙殖民地的简单建筑和西班牙本土的精巧建筑。东方和埃及的建筑或多或少成为北美住宅的参照。

授课内容

欧式古典、欧式新古典、美式风格解析如下。

(1)欧式古典风格：追求华丽、高雅的古典设计风格直接对欧洲建筑、家具、绘画、文学甚至音乐艺术产生了极其重大的影响，具体可以分为罗马风格、哥特式风格、文艺复兴风格、巴洛克风格、洛可可风格、新古典主义风格六种，其中代表风格是巴洛克风格、洛可可风格。古典欧式家具最为完整地继承和表达了古典欧式风格的精髓，最为让后世所熟知。

(2)欧式新古典风格：体现了欧洲文化丰富的艺术底蕴，因其开放、创新的设计思想及尊贵的姿容，一直以来颇受众人喜爱与追求。

(3)美式风格：顾名思义是来自美国的装修和装饰风格，是殖民地风格中最著名的代表风格，某种意义上已经成了殖民地风格的代名词。

一、欧式古典风格

欧式古典风格简介见表 1.1.1。

表 1.1.1　欧式古典风格简介

时间	风格	代表作品
公元前 1200 年—公元前 7 世纪	古希腊风格	帕特农神庙
公元 1—3 世纪	古罗马风格	古罗马马采鲁斯剧场、罗马斗兽场、万神庙
公元 4—6 世纪	拜占庭式风格	圣索菲亚大教堂、威尼斯圣马可大教堂
公元 4—12 世纪	罗曼式风格	法国昂古莱姆主教座堂、施派尔主教座堂
公元 12—16 世纪	哥特式风格	德国科隆大教堂、圣丹尼斯教堂、法国亚眠大教堂
公元 14 世纪	文艺复兴风格	圣母百花大教堂、圣彼得大教堂、巴黎万神庙
公元 17—18 世纪	巴洛克风格	拉斐特城堡、凡尔赛宫
公元 18 世纪 20 年代	洛可可风格	德国波茨坦忘忧宫、巴黎苏俾士府邸公主沙龙
公元 18 世纪中叶	新古典主义风格	苏格兰皇家学院、马德里普拉多博物馆
公元 19 世纪上半叶—20 世纪初	折中主义风格	巴黎歌剧院、巴黎圣心教堂

(一)巴洛克风格

巴洛克,起源于意大利,意为“畸形的珍珠”,用来描述珍珠表面光滑、圆润、凹凸不平、扭曲的特征,是在 16 世纪末到 18 世纪中叶流行于西欧的艺术风格。

巴洛克风格应用多变的曲线造型,呈现出宏伟、宽博、热情、奔放的风格特点,追求动感的气势,在一定程度上夸张造型尺度,形成一种强烈阳刚的男性化装饰艺术效果。

1. 巴洛克陈设的特点

(1)将极具奇趣的热烈情感充分地体现在室内空间中。

(2)追求不规则形式、运动与变化的线条,打破宁静与和谐;突出夸张、浪漫、激情和非理性、幻觉、幻想的特点。

(3)室内装饰元素综合利用,追求陈设的统一效果。

(4)家具雕刻工艺与镶嵌工艺盛行,应用织物与软包,开创软体家具。

(5)风格充满东方情调,模仿中国景德镇青花瓷,借鉴中国的装饰纹样风格。

(6)色彩效果强烈,多用纯色与金、银装饰。

(7)画品题材多为宗教、人体,生动大胆,色彩明快,光影变化丰富。

巴洛克陈设案例如图 1.1.1 所示。

图 1.1.1　巴洛克陈设案例

2. 巴洛克家具的特点

（1）家具设计者多为建筑设计师，故而家具的构成形式上表现出建筑艺术的特点，如动感曲线、涡卷装饰、圆柱、壁柱、人像柱、圆拱等，整体效果和谐而统一。

（2）早期应用实木表面，尺度夸张，后期（1650 年以后）装饰逐渐烦琐，精致的雕刻、层叠而多余的装饰、金箔贴面、描金填彩涂漆、细腻的薄木拼花装饰盛行一时。（17 世纪中叶，大漆制作工艺及贝雕镶嵌技术传入了中国和日本）

（3）装饰图案丰富，常见图案有头盔、盔甲、胜利女神像、玫瑰花、爱神像、太阳神阿波罗、涡卷纹、珍珠、扇贝、叶形装饰和花环、动物腿和脚等。

（4）法国路易十四时期的巴洛克家具成为世界巴洛克家具的风格典范，故巴洛克家具风格亦称为"路易十四时期家具风格"。

巴洛克家具案例如图 1.1.2 所示。

3. 巴洛克陈设品的特点

（1）用材昂贵，装饰华丽。

（2）多以神话宗教为题材。

（3）追求创意性，造型新颖生动，甚至不惜降低实用功能。

巴洛克陈设品案例如图 1.1.3 所示。

图 1.1.2　巴洛克家具案例

图 1.1.3　巴洛克陈设品案例

（二）法国洛可可风格

洛可可，原是贝壳工艺的同义语。此风格出现于法国路易十五时期，故又称"路易十五式"，充分地反映了当时宫廷贵族的家居生活，追求纤细、柔媚、精致、烦琐的装饰，曾于 18 世纪流行于欧洲。

法国洛可可风格造型多为自然题材，多用 c 形、s 形和涡卷形的曲线做装饰；色彩粉嫩娇艳、闪亮诱人，最为流行的颜色是象牙白和金黄；陈设品多使用玻璃镜、水晶灯强化空间效果。与巴洛克的阳刚相对应，洛可可呈现出一种女性化的细腻与娇艳。

1. 法国洛可可陈设的特点

（1）以不对称代替对称，频繁地使用曲线和弧线，排斥端庄和严肃。

（2）偏爱人工修饰的“自然”，大量应用自然造型装饰家具织物（如花环和花束、弓箭和箭壶、草叶、蚌壳、蔷薇以及棕榈叶等装饰图案）。

（3）应用绸缎的幔帐和晶体玻璃吊灯，陈设瓷器古玩。

（4）有明显的东方风格印记。

（5）在色彩上多用白色、金色、粉红色、嫩绿色、浅黄色。

（6）画品以人物画为主，极具谐谑性、灵动性，常以爱为主要题材，如浪漫的爱、性爱、母爱等。

法国洛可可陈设案例如图 1.1.4 所示。

2. 法国洛可可家具的特点

（1）家具造型显得极其轻盈，大量应用圆角、斜棱和细线纹饰。

（2）各个部件摆脱了以往所遵循的壮阔与阳刚，纤细的“牝鹿腿”取代了僵硬粗壮的栏杆柱式桌腿，演变成流畅精致的风格。

（3）面板上镶嵌镀金的铜件，再将不同颜色的上等木料做成雕刻以用来装饰，如槭木、桃花心木、乌檀木和花梨等。

法国洛可可家具案例如图 1.1.5 所示。

图 1.1.4 法国洛可可陈设案例

图 1.1.5 法国洛可可家具案例

1）法国洛可可家具——椅子

（1）佛提尤：扶手向外敞开，并向内缩进；腿部多为 s 形，且多为猫爪或山羊脚；座面以织物包衬。

（2）贝尔杰尔：一种安乐椅，根据妇女身体比例及服装而设计的椅形；靠背均装有软垫，座面使用弹性坐垫，通体使用豪华织物包面；扶手做成翅膀造型。

（3）梳妆椅：靠背顶下凹，带有 x 形脚档，专为女士梳理长发所用。

（4）书写椅：座面菱形，靠背较低与扶手相连。

（5）恋人椅：椅背变为床头，扶手安装在椅子前面。

法国洛可可家具——椅子案例如图 1.1.6 所示。

图 1.1.6　法国洛可可家具——椅子案例

2）法国洛可可家具——橱柜

（1）采取薄木拼贴、镶嵌工艺等装饰手段。

（2）曲面造型，台面多用大理石制作。

（3）以东方的清漆饰面、细木工与铜镶嵌，多以花与叶装饰。

法国洛可可家具——橱柜案例如图 1.1.7 所示。

3. 洛可可时期以后英国家具的特点

洛可可极尽奢华的装饰大大影响了欧洲其他的国家，在很长一段时间里，英国的家具风格一直被动地受着法国家具的影响，直至 1702 年安妮女王即位，科技与商业得到了空前的发展，英国家具一改昔日的面貌，装饰风格逐渐走向理性简约，至乔治统治时期英国家具已然成熟并展现出明确的民族风格。

洛可可时期以后的英国家具案例如图 1.1.8 所示。

4. 英国安妮女王式家具的特点

（1）造型及装饰简洁，只偶尔在局部进行镀金与雕刻，前腿膝部通常饰以贝壳、狮面与涡卷花。

（2）大量的家具都具有优美的 s 形腿。

图 1.1.7　法国洛可可家具——橱柜案例

图 1.1.8　洛可可时期以后的英国家具案例

（3）胡桃木为主要材料。

（4）大多为波状曲线靠背、小提琴形靠背或中央花瓶形靠背。

（5）多为拱形椅背顶板。

（6）椅子扶手呈涡卷形，前方落在座框上，不与前腿连接。

（7）猫形脚、球爪状脚（雕刻的爪子抓着一个球）。

（8）受中国影响，有的家具也饰有黑色或红色的油漆。

英国安妮女王式家具案例如图 1.1.9 所示。

5. 早期乔治式家具的特点

（1）基本沿用安妮女王式的家具样式。

（2）桃花心木成为家具的主要材料。

（3）家具的腿发生了变化，球爪状脚取代猫形脚。

（4）装饰发展为柔和的曲线形，狮头、卷叶岩石、贝壳等装饰仍有沿用。

早期乔治式家具案例如图 1.1.10 所示。

6. 英国齐宾代尔式家具的特点

（1）集中国、哥特、洛可可风格于一身。

（2）多用桃花心木制作。

（3）薄板透雕靠背，常见花纹造型有绶带、竖琴等；阿利斯靠背，采取中国风格或哥特风格窗花为造型；梯背，造型为四根横档，呈耳形透雕装饰。

（4）如果采用弯腿造型则腿间没有横撑，如果采用直腿造型则采取中国家具的横撑形式。

（5）承袭了乔治式家具的爪球脚。

（6）多用耳朵形背顶板。

英国齐宾代尔式家具案例如图 1.1.11 所示。

图 1.1.9　英国安妮女王式家具案例

图 1.1.10　早期乔治式家具案例

图 1.1.11　英国齐宾代尔式家具案例

7. 洛可可风格法国织物的特点

设计的主要特征之一就是借鉴了东方风格和题材，东方风情织物上面描绘了孟母教子的故事，成了洛可可风格法国织物纯粹的装饰纹样。

思政园地：中国元素对英国齐宾代尔式风格产生的影响

18 世纪，随着海上贸易的繁荣，大量中国漆器、硬木家具通过东印度公司输入欧洲，引发西方社会对东方美学的追捧。此时英国正处于工业革命前夕，新兴资产阶级渴望通过异域文化彰显身份，从而掀起了“中国风”（Chinoiserie）设计热潮。

这一时期正值英国家具设计师托马斯·齐宾代尔（Thomas Chippendale）创作高峰期，他在 1754 年出版的《绅士与家具制造商指南》（*The Gentleman and Cabinet-maker's Director*）中首次系统地将中式元素融入家居设计。这种影响主要体现在三个方面：首先是造型语言的借鉴，如齐宾代尔式椅的透雕靠背板模仿了中式屏风的“卍”字纹与拐子纹；其次是结构美学的转化，如将明式家具的榫卯逻辑转化为英式实木框架的装饰性线脚；最后是文化符号的移植，如中国漆艺的山水花鸟纹样被转化为英式镶嵌工艺的洛可可式曲线。这种跨文化影响既体现了当时欧洲对中国艺术的审美崇拜，也反映出全球化早期文明对话的独特范式，对当代设计教育中的文化自信与创新思维培养具有重要启示意义。

二、欧式新古典风格

（一）新古典主义风格的特点

新古典主义风格最早出现于18世纪中叶的欧洲。它并非复古，而求神似，简化了传统欧式的奢华，以简约的手法，创造出了简洁、流畅的造型，以及朴素、典雅的装饰风格。

新古典主义风格案例如图1.1.12所示。

（二）新古典主义家具的特点

（1）造型上更为严谨，不是仿古，也不是复古，是追求神似。

（2）将传统欧式家具式样进行简化处理，作品多带有对称性、庄严性。

（3）重视装饰效果，刻意烘托历史感及风格的传承性。

（4）艺术陈设品采用古罗马、古希腊的题材与造型。

新古典主义家具案例如图1.1.13所示。

图1.1.12　新古典主义风格案例

图1.1.13　新古典主义家具案例

1. 法国新古典主义家具——路易十六式

（1）放弃了洛可可式矫饰的s形曲线，而改用结构严谨的直线条。

（2）腿部处理上粗下细，且带有罗马柱的槽形装饰。

（3）脚端带有球形装饰。

（4）如采用曲线则局部使用，整体造型规整。

（5）旋涡面较少，多用平直面。

法国新古典主义家具——路易十六式案例如图1.1.14所示。

2. 法国新古典主义家具——法国帝政式家具

(1)模仿古希腊、古罗马的家具造型特征,采取庄重严肃的对称式造型。

(2)装饰手法主要是涂饰,造型烦琐。

(3)常以天使、女神、花环、棕榈叶、兽头兽脚为装饰。

(4)色彩上偏向于红色与金色的搭配。

(5)主要以红色桃花心木为材料,桌类、柜类也用大理石。

法国新古典主义家具——法国帝政式家具案例如图 1.1.15 所示。

3. 英国新古典主义家具——亚当系家具(亚当式、赫普怀特式、谢拉顿式)

以椅子为例,特点如下。

(1)崇尚对称、古典,反对曲线造型。

(2)腿的造型相对较细,由上至下逐渐变小。方腿的脚为梯形或马蹄形,圆腿的脚为旋制的车木脚。

(3)以圆盘、椭圆、盾形、长方形的装饰背板为椅子靠背的背板。椅背多为实木透雕或软包,形式相对简洁。

(4)靠背支在后腿之上。后腿多为方形,呈弯曲的军刀状。

(5)扶手与前腿形成一体。

(6)以桃花心木、椴木、槭木为材料。

英国新古典主义家具——亚当系家具椅子案例如图 1.1.16 所示。

图 1.1.14 法国新古典主义家具——路易十六式案例

图 1.1.15 法国新古典主义家具——法国帝政式家具案例

图 1.1.16 英国新古典主义家具——亚当系家具椅子案例

以桌子为例，特点如下。

（1）亚当式：桌子狭而长，装饰主要在望板上，腿部自上而下逐渐变细，或方或圆，颇为流行墙桌，桌面造型为半圆形，以大理石为材料。

（2）赫普怀特式：碗柜与抽屉桌相结合的餐具橱开始流行，正面多呈弧形凸曲线，木质纹理清晰，安妮女王式家具采用的薄木镶嵌再度流行。（从赫普怀特式起，家具趋于大众化）

（3）谢拉顿式：整体造型与赫普怀特式区别不大，更强调实用性。

图 1.1.17　英国新古典主义家具——亚当系家具桌子案例

英国新古典主义家具——亚当系家具桌子案例如图 1.1.17 所示。

以橱柜为例，特点如下。

（1）亚当式：造型严格对称，腿部沿袭了椅子及桌子的造型，餐柜偶有六边及半圆造型，表面多有装饰。

（2）赫普怀特式与谢拉顿式：以硬朗的直线条为主，出现了玻璃门的大型立柜，表面追求木材本身的纹理，书柜顶部常设以破山墙式上楣或平顶起檐，柜门饰有花格。

图 1.1.18　英国新古典主义家具——亚当系家具橱柜案例

英国新古典主义家具——亚当系家具橱柜案例如图 1.1.18 所示。

4. 英国新古典主义家具——英国摄政式家具

（1）以面、体代线。

（2）舒适度降低，缺少优雅感。

（3）对传统古典风格的简单引用，有明显的拼凑痕迹。

（4）模仿大量具有埃及风格的家具。

（5）流行对桃花心木、紫檀、椴木进行表面处理以仿贵重木材等深色的木材。

（6）在家具表面上镶嵌黄铜薄片。

（7）家具的装饰题材有狮子、斯芬克斯、古代勇士的头像、女像柱、天鹅、海豚、竖琴、喇叭、星、玫瑰饰、圆盘饰、中式的花鸟山水人物画等。

英国新古典主义家具——英国摄政式家具案例如图 1.1.19 所示。

图 1.1.19　英国新古典主义家具——英国摄政式家具案例

（三）新古典主义陈设品的特点

（1）器物造型侧重于中正、肃穆。

（2）主要表现题材为古希腊、古罗马的神话故事和英雄传说，帝王、骑士、诗人和学者的形象。

（3）采用精致而典雅、庄重而含蓄的工艺。

（4）染织工艺增加了蓝、绿、灰等较为冷静肃穆的色彩。

新古典主义陈设品案例如图 1.1.20 所示。

三、美式风格

（一）美式风格的特点

大量的移民带来不同国家地域的文化、建筑风格、艺术甚至生活习惯（比如高大的家具造型来自欧洲的古典建筑，细部的雕塑、雕刻来自古罗马、西班牙的文化风格等），美国既吸收了这些欧洲文化的精华，又结合自身文化的特点，而衍生出美式风格。

混搭是美式家居陈设的最大特点，是在成熟的欧式风格上的成功演变，注重实用功能、有古典情怀、外观简洁大方，融合多种风情于一体。

美式风格案例如图 1.1.21 所示。

图 1.1.20　新古典主义陈设品案例

图 1.1.21　美式风格案例

（二）美式陈设的特点

（1）怀旧，将欧洲皇室家具平民化。例如：金鹰、交叉的双剑、星、锡铅合金烛台、猎枪等。

（2）随意，舒适，帮助使用者释放压力，缓解疲劳。例如：麦穗等。

（3）极强的个性，表达了美国人追求自由，崇尚创新的精神。例如：枝形鹿角、壁炉、壁炉前铺垫的兽皮、暗色的镜框或相框、泛黄的照片等。

美式陈设案例如图 1.1.22 所示。

(三)传统美式风格家具的特点

1. 美式——威廉与玛丽风格(1690—1725 年)

此风格起源于英国威廉与玛丽风格(1689—1694 年),其特点为采用简化的欧式造型,包括喇叭状旋形腿,广泛采用车木腿(倒转杯形、喇叭形、小圆脚)或西班牙腿形(带有涡形卷和槽线的脚),椅子带有衬垫或以藤条编织。

美式——威廉与玛丽风格案例如图 1.1.23 所示。

图 1.1.22　美式陈设案例

图 1.1.23　美式——威廉与玛丽风格案例

2. 美式——安妮女王风格(1700—1755 年)

此风格源自英国安妮女王统治时期(1702—1714 年),这时的家具改良了威廉与玛丽风格,呈现适当的比例关系和舒展的家具造型。其特点包括弯腿,据说是模仿山羊腿而设计产生的,在弯腿的膝部和椅背上常有扇贝式的雕刻,腿的脚部有多种形式,如兽蹄形、爪形、爪球形和狮爪形,并出现了有填充料的全软包家具,最常用的木材仍然是胡桃木。

美式——安妮女王风格案例如图 1.1.24 所示。

3. 美式——联邦风格(1780—1820 年)

联邦风格结合了赫普怀特和谢拉顿风格中的新古典元素,其特点包括线条优美、做工轻巧、锥形腿以及运用颜色对比的贴面板和镶嵌物。

美式——联邦风格案例如图 1.1.25 所示。

4. 美式——美国帝国风格(1800—1840 年)

美国帝国风格效仿法国宫廷家具,并在原有的造型基础上进行简化,崇尚自然的木色;擅长精巧的木皮镶嵌工艺,省略了繁缛的装饰雕刻、油彩、描金。

美式——美国帝国风格案例如图 1.1.26 所示。

图 1.1.24　美式——安妮女王风格案例

图 1.1.25　美式——联邦风格案例

（四）当代美式家具的特点

（1）油漆以单一色为主，更强调实用性。

（2）采用胡桃木、核桃木、樱桃木、小牛皮、锦缎等，装饰强调木质自身的纹理美，偏爱树木生长期中由于病理变化产生的特殊纹理。

（3）从不大面积使用雕刻，在家具上的边角、腿部等处做小幅度雕饰。

（4）仿古家具在饰面花纹、雕刻和布料花纹上，多采用象征王权的太阳花、复杂的拼接花纹等，该类花纹是美式仿古家具的一大特色纹饰。

当代美式家具案例如图 1.1.27 所示。

图 1.1.26　美式——美国帝国风格案例

图 1.1.27　当代美式家具案例

课后

课后问题	答案区
根据欧式古典、欧式新古典、美式风格家具、陈设品的特点，选取一个欧式古典、欧式新古典、美式风格典型案例进行分析（注：图文并茂）	

项目2　中式、新中式风格解析及应用

<table>
<tr><td rowspan="3">教学目标</td><td>素质目标</td><td>1. 培养学生发现、观察与积累日常生活中美好事物的意识。
2. 培养学生对不同风格饰品的理解能力。
3. 培养学生的创新意识</td></tr>
<tr><td>知识目标</td><td>1. 掌握中式、新中式风格陈设品的特点。
2. 掌握中式、新中式风格陈设品的分辨技巧。
3. 了解饰品工艺的生产流程</td></tr>
<tr><td>能力目标</td><td>1. 具备运用中式、新中式风格家具、陈设品的特点对各陈设品进行分辨的能力。
2. 具备运用理论知识，进行家居饰品搭配的能力</td></tr>
<tr><td rowspan="3">教学内容</td><td>主要知识点与技能</td><td>1. 中式风格陈设品的特点。
2. 新中式风格陈设品的特点</td></tr>
<tr><td>教学重点</td><td>中式、新中式风格陈设品的特点</td></tr>
<tr><td>教学难点</td><td>将中式、新中式风格陈设品的特点之间的差异讲清楚，能够让学生很好地进行分辨</td></tr>
</table>

课前

课前导入	问题发布	答案区
观看中式、新中式风格的居室设计图片，使学生对室内的家具、陈设品有一个感性认识	1. 图片上的家具有什么特点？ 2. 图片上的陈设品有什么特点？	

课中

情境引入

中式风格是一种以宫廷建筑为代表的中国古典建筑的室内装饰设计艺术风格，气势恢宏、壮丽华贵、高空间、大进深、金碧辉煌、雕梁画栋，造型讲究对称，色彩讲究对比，装饰材料以木材为主，图案多为龙、凤、龟、狮等，精雕细琢、瑰丽奇巧。

授课内容

一、中式风格

传统中式软装陈设风格包括奢侈型陈设和简约型陈设。

（一）奢侈型陈设

奢侈型陈设的特点如下。

（1）“物以载道”的设计理念。

（2）极尽奢华的装饰风格 。

（3）空间布局严谨，有明确的等级划分。

（4）家具多采用昂贵材料，精雕细琢。

（5）陈设品多带有寓意性。

1. 中式宫廷家具

宫廷家具的用料极其讲究，多采取紫檀、黄花梨等昂贵硬木。工艺制作水平也异常精湛，造型精美，装饰华丽。但也有许多家具雕刻过于繁缛，体量庞大，华而不实。

中式宫廷家具案例如图 1.2.1 所示。

2. 宫廷陈设品

宫廷陈设品包括寓意性陈设品、功能性陈设品、纯装饰性陈设品。

寓意性陈设品案例如图 1.2.2 所示。

功能性陈设品案例如图 1.2.3 所示。

纯装饰性陈设品案例如图 1.2.4 所示。

（二）简约型陈设

简约型陈设的特点如下。

（1）“体舒神怡”的宜居观念。

（2）因景互借的室内外空间关系。

清式太师椅

紫檀嵌黄杨木雕云龙宝座屏风

清紫檀龙纹御案

黑漆嵌螺钿花蝶纹架子床

12 柱龙凤架子床

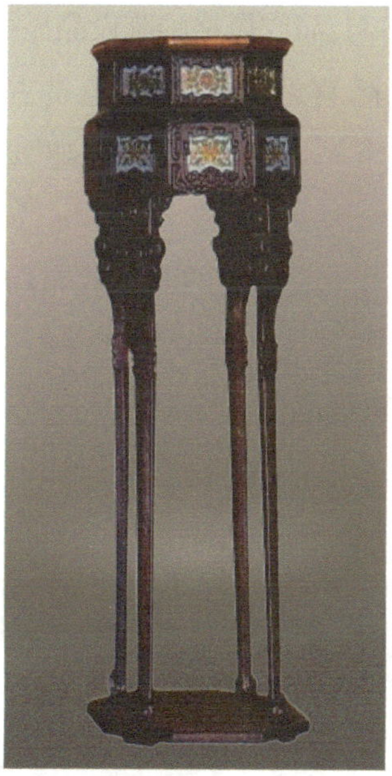

清太和殿香几

红漆嵌珐琅面梅花式香几

图 1.2.1　中式宫廷家具案例

图 1.2.2 喻义型陈设品案例

图 1.2.3 功能性陈设品案例

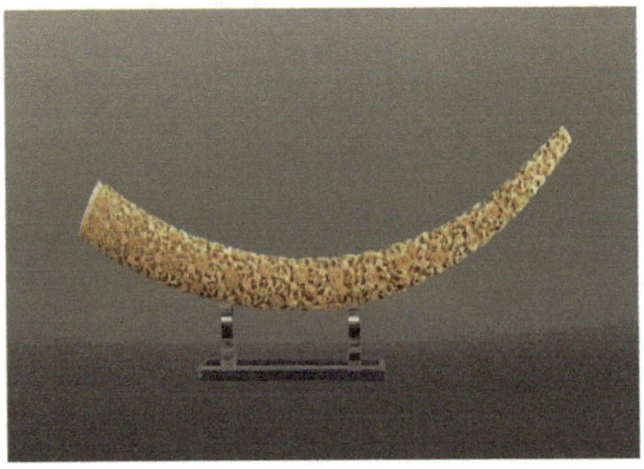

图 1.2.4 纯装饰性陈设品案例

(3)简约得体的室内装饰。

(4)崇古忌俗的家具选材。

(5)“忌排偶,贵活变”的器物陈设。

代表:苏州网师园万卷堂、《长物志》居宅陈设设计。

简约型陈设以晚明时期的简约陈设风格为代表,形成了与宫廷迥然不同的别样风采。因为晚明文人的参与,简约风格的陈设品显得简洁、自然、古朴。

晚明文人大都学识渊博,能诗善画,闲暇之余,喜好焚香品茗,鉴赏古玩。对于陈设器物主张“摹古”,且对于器物形制选择独具匠心,要求一切器物要有“意趣”,拒绝过分的华丽与矫饰,提倡素雅与天然。

在器物的布局上,简约风格则显得独具匠心,一改传统的对称式布局,更重视均衡、富有变化的布局方式,少了几分做作,多了几分随意。

简约型陈设包括功能性陈设品和纯装饰性陈设品。

功能性陈设品案例如图 1.2.5 所示。

图 1.2.5 功能性陈设品案例

纯装饰性陈设品案例如图 1.2.6 所示。

图 1.2.6 纯装饰性陈设品案例

二、新中式风格

在中国文化风靡全球的现今时代，中式元素与现代材质的巧妙结合，唐宋家具、明清窗棂、布艺床品相互辉映，再现了移步变景的精妙小品。继承明清时期家居理念的精华，将其中的经典元素进行提炼并加以丰富，同时改变原有空间布局中等级、尊卑等封建思想，给传统家居文化注入了新的气息。

新中式风格诞生于中国传统文化复兴的新时期，伴随着国力增强和民族意识逐渐复苏，人们开始从纷乱的“模仿”和“拷贝”中整理出头绪。在中国设计界探寻本土意识之初，逐渐成熟的新一代设计队伍和消费市场孕育出含蓄秀美的新中式风格。

新中式风格并非完全意义上的复古明清，而是通过沿用中式风格，表达对清雅含蓄、端庄丰华的东方式精神境界的追求。

新中式风格主要包括两方面的基本内容：一是中国传统风格文化意义在当前时代背景下的演绎；二是对中国当代文化充分理解基础上的当代设计。新中式风格不是纯粹的传统元素堆砌，而是在认识传统文化的基础上，将现代元素和传统元素结合在一起，以现代人的审美需求来打造富有传统韵味的事物，让传统艺术在当今社会得到合适的体现。

（一）新中式风格的设计思想

中国古人对居住环境的研究和追求，其精雕细琢的程度远远超过我们的想象。他们的一些室内设计理念，和如今流行的简约主义有一些不谋而合之处。

1. 宜设而设，精在体宜

在明清时期，“宜”是室内设计的核心概念和价值标准。国内专家对其的解释是：“宜可以分为三类，一是因地因人制宜，二是宜简不宜繁，三是宜自然不宜雕琢。”（《环境艺术设计的新视野》）

文震亨在《长物志》中如此描述卧室设计：“一般设卧榻一，榻前仅置一小几，几上不设一物；设小方杌二，小橱一；室中清洁雅素，一涉绚丽，便如闺阁中，非幽人眠云梦月所宜。”

2. 删繁去奢，绘事后素

“删繁去奢”是指去除过于复杂的装饰，较为重要。如今很多设计师一提到以人为本，就以为是“给脖子套张饼”，其实人在家居生活中的不便与方便是相辅相成的，过于追求“一低头就能吃到脖子上的饼”，恐怕会起到负面作用。

“绘事后素”是孔子对美的一种看法。在孔子眼中，“绘事”是装扮出来的美丽效果，而

"素"则是自然的、气质的美,他认为"素"要美于"绘事"。这体现了一种"大美无言,大象无形"的中国士大夫的文化追求。

3. 因景互借

在苏州拙政园这座美轮美奂的园林中有一个特色就是"借景",建于苏州城中心的塔被巧妙地"借"到园林中成为景致之一。

因景互借,体现了中国建筑设计的一种整体观。综合考虑居室、住宅、庭院,小环境和大环境,目的是营造一个艺术化的生活环境。

(二)新中式风格的表现形式

(1)中西式传统建筑本质上的不同表现在空间上,中国的传统建筑,无论是北方的四合院、南方的内天井,还是西南的一颗印、三坊一照壁,都是内向围合形的建筑,私密性好,自家形成一个小院子,不受外界的干扰。西方建筑多是开放式的,通透性好,利于观赏周围的景色。

(2)在形式上中式建筑有自身的特点,坡屋顶、院墙、青瓦、干净明白的白色粉墙、马头墙,以及极具中国特色的门窗装饰,充满着悠远、浓厚的文化韵味。

(3)早在20世纪初,就有人在努力探索中国传统住宅的现代化问题,在这方面也进行了不少实践活动,例如清华大学教授吴良镛先生的"菊儿胡同"。近些年中式住宅在中国房地产市场中高调出现并呈蔓延趋势,学者们在中式风格与现代生活方式的结合方面进行了多维度的探索,形成了一批既有中国传统文化特色又有现代风格的新中式风格建筑;有将符号和传统元素进行抽象,抽取精神意象,利用现代材料进行创新的建筑形式,典型的有北京观唐别墅;有侧重于传统空间意境的再现,对传统生活、文化习惯和精神意识层面进行思考,在设计中更关注传统空间的精华的继承,试图用现代主义的句法将古典语汇与现代语汇相结合,提升空间品质。

(三)新中式风格的特点

新中式风格讲究纲常、对称,以阴阳平衡概念调和室内生态。选用天然的装饰材料,运用"金、木、水、火、土"五种元素的组合规律来营造禅宗式的理性和宁静环境。

(1)作为一种中式装修风格,新中式风格与其他西方、东南亚等的装修风格也有很大不同。这些装修风格所营造的文化氛围是不同的,每一种装修风格都有其特定的文化背景,并以此来传递特定文化氛围中人们的生活追求。新中式风格是以中国传统古典文化作为背景的,营造的是极富中国浪漫情调的生活空间,红木、青花瓷、紫砂茶壶以及一些红木工艺品等都体现了浓郁的东方之美,这正是新中式风格与其他风格所不同的地方。这种极简主义的风格渗透了中华民族几千年的文明,因此不管是中国人还是外国人都非常喜欢这种新中式装修风格,它不仅永不过时,而且时间愈久愈散发出迷人的东方魅力。

（2）中国古典家具以明清家具为代表，在新中式风格家具配饰上多以线条简练的明式家具为主，再以一些简约的造型为基础，添加中式元素，使整体空间感更加丰富，大而不空、厚而不重，有格调又不显压抑。

（四）新中式风格的装饰空间

新中式风格非常讲究空间的层次感，依据住宅使用人数和私密程度的不同，需要做出分隔的功能性空间，一般采用“垭口”或简约化的“博古架”来区分；在需要隔绝视线的地方，则使用中式的屏风或窗棂，通过这种新的分隔方式，就展现出单元式住宅所具备的中式家居的层次之美。

新中式风格屏风如图 1.2.7 所示。

（五）新中式风格的造型

新中式风格的空间装饰多采用简洁硬朗的直线条。直线装饰在空间中的使用，不仅反映出现代人追求简单生活的居住要求，更迎合了中式家具追求内敛、质朴的设计风格，使新中式风格更加实用、更富现代感。

新中式风格的造型案例如图 1.2.8 所示。

图 1.2.7 新中式风格屏风

图 1.2.8 新中式风格的造型案例

（六）新中式风格的装饰色彩

新中式风格的家具多以深色为主，与墙面色彩搭配，大致分为两种：一是以苏州园林和京城民宅的黑、白、灰色为基调；二是在黑、白、灰的基础上将皇家住宅的红、黄、蓝、绿等作为局部色彩进行点缀。

（七）新中式风格的装饰材料

新中式风格的装饰材料包括丝、纱、皮具、手工皮艺、织物、壁纸、玻璃、仿古瓷砖、大理石等。

（八）新中式风格的配饰家具

新中式风格的家具可为古典家具或现代家具与古典家具相结合。

（九）新中式风格的饰品

新中式风格的饰品包括瓷器、陶艺、中式窗花、字画、布艺、皮具以及具有一定含义的中式古典物品等。

朱炳仁铜雕博物馆案例如图 1.2.9 所示。

图 1.2.9　朱炳仁铜雕博物馆案例

课后

课后问题	答案区
根据中式、新中式风格家具、陈设品的特点，选取一个中式、新中式风格典型案例进行分析（注：图文并茂）	

项目3 地中海风格解析及应用

教学目标	素质目标	1. 培养学生发现、观察与积累日常生活中美好事物的意识。 2. 培养学生对不同风格饰品的理解能力。 3. 培养学生的创新思维。 4. 深化爱国主义精神
	知识目标	1. 掌握地中海风格陈设品的特点。 2. 掌握地中海风格陈设品的分辨技巧。 3. 了解饰品工艺的生产流程
	能力目标	1. 具备运用地中海风格家具、陈设品的特点对陈设品进行分辨的能力。 2. 具备运用理论知识，进行家居饰品搭配的能力
教学内容	主要知识点与技能	地中海风格陈设品的特点
	教学重点	地中海风格陈设品的特点
	教学难点	将地中海风格陈设品的特点之间的差异讲清楚，能够让学生很好地进行分辨

课前

课前导入	问题发布	答案区
观看地中海风格的居室设计图片，使学生对室内的家具、陈设品有一个感性认识	1. 图片上的家具有什么特点？ 2. 图片上的陈设品有什么特点？	

课中

情境引入

地中海风格简单，多采用圆润的线条、长长的廊道，延伸至尽头然后垂直拐弯；半圆形高大的拱门，或数个连接或垂直交接；墙面通过穿凿或半穿凿形成镂空的景致。地中海风格家居案例如图 1.3.1 所示。

图 1.3.1 地中海风格家居案例

授课内容

思政园地:爱国主义教育

在地中海风格的设计中保留地中海拱门、铁艺等经典元素的同时,融入中国传统纹样(如回字纹、云纹)或山水画屏风等,也可结合丝绸之路历史主题,通过装饰画或摆件展示古代中外文明交流场景,体现中西元素的共生,文化交融与包容性发展观,综合呼应"人类命运共同体"的理念。

地中海风格中的色彩象征意义契合了家国情怀的思想,例如地中海标志性的蓝白色调(象征海洋与天空)与国家的海洋领土具有象征性联系。例如,在墙面设计中可加入蓝白色调,通过艺术化表达传递出海洋领土完整的重要性。

地中海风格中常见的土黄、红褐色(象征土壤与阳光)在室内空间设计中可与中国传统农耕文化呼应,搭配麦穗、陶罐等装饰图形、图案,能够隐含"土地是生命之源"的内涵,强化生态文明与乡村振兴的思政主题。

一、希腊地中海风格的特点

(1)朴实的仿古地砖、赤陶或石板和小麦黄色的硅藻泥墙面,由纯天然基材制成,创造出不均匀的自然纹理。

(2)家具采用低纯度、线条简单、边缘圆润的材料,如木制家具或锻铁家具。

(3)窗帘、桌布、沙发套、灯罩等,主要由低纯度颜色的纯棉织物制成。

(4)装饰品以海洋风格为主,如以小石头、瓷砖、贝类、玻璃碎片、玻璃珠等材料为主的海洋风格装饰,也可以是简单的欧式花瓶、陶器、插花等。

(5)蓝色和白色是地中海风格的典型颜色组合,甚至门框、窗户和椅子表面都是蓝色和白色的配色组合。

希腊地中海风格案例如图1.3.2所示。

图1.3.2　希腊地中海风格案例

二、南意大利地中海风格的特点

(1)广泛运用喷泉、壁饰、壁炉。

(2)室内多用铁艺家具或有历史感的原木简欧家具。

(3)多用百叶窗,墙面以马赛克镶嵌、拼贴。

(4)代表饰品有欧洲的铁艺装饰品和以赤陶

为材料的种植盆器。

(5)室内画品可选择古代圣像绘画或旧式古典油画。

(6)主要装饰颜色有金黄、土黄色与红褐色,室内家具也可选用白与蓝搭配。

南意大利地中海风格案例如图 1.3.3 所示。

图 1.3.3　南意大利地中海风格案例

三、法式地中海风格的特点

(1)以织物及花品为主要特色装饰,多用花卉和绿色植物,带有法式田园痕迹。

图 1.3.4　法式地中海风格案例

(2)家具继承了法式家具的传统风格,精工细作,但造型相对简约,较少雕刻,木色相对浅洁,也可涂有白色或其他浅色的漆或带有织物装饰。

(3)饰品以浅洁色的陶罐、冷色透明的玻璃制品和类似普罗旺斯紫色薰衣草等植物的小盆栽和铸铁烛台为代表(可加入海洋风格饰品元素,以区别于法式田园风格)。

(4)多以白蓝色调为主,以粉、紫、绿为点缀。

法式地中海风格案例如图 1.3.4 所示。

四、北非地中海风格的特点

(1)建筑带有明显的阿拉伯痕迹,整体风格偏重古拙并带有民族气息,沙漠及岩石的原色对北非风格影响甚大。

(2)大部分家具色调趋于沉稳,多为原木,体量粗犷大气,可选用未加雕琢的木材直接作为家具，也可应用嵌有贝壳的木制家具。

（3）饰品多以摩洛哥工艺品为代表，织物多用绸缎、刺绣、彩绘陶艺、彩绘玻璃器、洋铁台灯等。

（4）纹样装饰为典型的阿拉伯图案，以几何形图案为主。

（5）色彩多用土黄、红褐、深红、靛蓝，加上黄铜。

北非地中海风格案例如图1.3.5所示。

图1.3.5　北非地中海风格案例

图 1.3.5　北非地中海风格案例(续)

课后

课后问题	答案区
根据地中海风格家具、陈设品的特点，选取一个地中海风格典型案例进行分析（注：图文并茂）	

项目4　现代风格解析及应用

<table>
<tr><td rowspan="3">教学目标</td><td>素质目标</td><td>1. 培养学生发现、观察与积累日常生活中美好事物的意识。
2. 培养学生对不同风格饰品的理解能力。
3. 培养学生的创新思维</td></tr>
<tr><td>知识目标</td><td>1. 掌握现代风格陈设品的特点。
2. 掌握现代风格陈设品的分辨技巧。
3. 了解饰品工艺的生产流程</td></tr>
<tr><td>能力目标</td><td>1. 具备运用现代风格家具、陈设品的特点对陈设品进行分辨的能力。
2. 具备运用理论知识，进行家居饰品搭配的能力</td></tr>
<tr><td rowspan="3">教学内容</td><td>主要知识点与技能</td><td>现代风格陈设品的特点</td></tr>
<tr><td>教学重点</td><td>现代风格陈设品的特点</td></tr>
<tr><td>教学难点</td><td>将现代风格陈设品的特点之间的差异讲清楚，能够让学生很好地进行分辨</td></tr>
</table>

课前

课前导入	问题发布	答案区
观看现代风格的居室设计图片，使学生对室内的家具、陈设品有一个感性认识	1. 图片上的家具有什么特点？ 2. 图片上的陈设品有什么特点？	

课中

情境引入

思政园地:中国现代家具的继承与创新

现代风格的家具注重功能性与简约美学。例如,北欧极简主义倡导“少即是多”,体现了资源节约的生态理念;新中式家具的现代化演绎,则展现了传统文化创造性转化的实践路径。此外,模块化设计反映集体协作精神,无障碍家具体现人文关怀,智能家居技术呼应科技强国战略。

中国原创家具品牌通过现代设计语言重新诠释传统工艺,体现了文化传承与创新的辩证统一。在形制重构方面,如“素元”品牌将明式家具的线条美学转化为符合现代人体工学的设计,既保留了传统韵味,又提升了使用舒适度。这种创新实践印证了“推动中华优秀传统文化创造性转化”的重要论述。

在材料工艺方面,许多品牌积极探索可持续发展路径。如“梵几”采用环保木材替代传统红木,既传承了实木工艺,又响应了生态文明建设要求。这种选择展现了设计者的社会责任意识,与“绿水青山就是金山银山”的发展理念高度契合。

更值得关注的是产学研结合的创新模式。如“吱音”与乡村工匠合作开发产品,既保护了传统技艺,又带动了地方经济发展。这种实践不仅生动诠释了设计服务社会的价值导向,还为课程思政提供了典型案例。这些创新表明,优秀的设计既要扎根传统文化,又要面向现代需求,更要服务国家战略。

授课内容

一、现代风格

现代风格也称功能风格,是工业社会的产物,起源于 1919 年的包豪斯学派。

(一)现代风格的特点

(1)提倡突破传统,重视功能和空间的密切关系。

(2)注重结构本身的形式美,造型简洁,反对多余装饰。

(3)充分利用材料的特性,着重凸显材料自身的质感并与色彩搭配相结合。

现代风格案例如图 1.4.1 所示。

（二）现代风格的代表

图 1.4.1　现代风格案例

1. 高技派

（1）注重科学技术及工业技术的表现，喜欢使用最新的材料，如不锈钢、铝塑板或合金材料。

（2）崇尚机械美（建筑结构或机械组织暴露在外，梁板、网架等结构构件以及风管、线缆等各种设备和管道暴露在室内），强调工艺技术与时代感。室内陈设多为透明的或机械零件裸露在外的家用电器。

（3）集成了视听功能和带有自动化功能的家电产品的现代家居，室内艺术品多为抽象造型。

现代风格——高技派案例如图 1.4.2 所示。

蓬皮杜国家艺术和文化中心

中国国家游泳中心

图 1.4.2　现代风格——高技派案例

2. 白色派

（1）室内各界面乃至家具等常以白色为基调，简洁明确，且不仅仅停留在简化装饰、选用白色等表面处理上，而是具有更为深层的构思内涵。

（2）综合考虑了室内活动着的人以及透过门窗可见的变化着的室外景物。

（3）主张室内环境只是活动场所的“背景”，从而在装饰造型和用色上不作过多渲染。

现代风格——白色派案例如图 1.4.3 所示。

3. 风格派

风格派是立体主义画派的一个分支，其认为艺术应消除任何与自然物体的联系，只有点、线、面等最小视觉元素和原色是真正具有普遍意义的永恒艺术主题。其室内设计方面的代表人物是木工出身的里特维尔德，他将风格派的思想充分表达在家具、艺术品陈设等各个方面。

现代风格——风格派案例如图 1.4.4 所示。

图 1.4.3 现代风格——白色派案例(盖蒂中心,白色派的世纪之作)

乌德勒支住宅与红蓝椅

形状似粽子的建筑风格

图 1.4.4 现代风格——风格派案例

4. 极简主义(简约主义或微模主义)

(1)20 世纪 60 年代所兴起的一个艺术派系,以将物质本身或原始形式展示于观者面前为表现手段。

（2）开放了作品自身在艺术上的空间意象性，加强了观众对作品概念的参与权。

现代风格——极简主义案例如图 1.4.5 所示。

图 1.4.5　现代风格——极简主义案例

二、后现代风格

后现代风格有一种针对现代主义纯理性的逆反心理，强调建筑及室内设计应具有历史的延续性，但又不拘泥于传统的逻辑思维方式，探索创新造型手法，讲究人情味，常在室内设置夸张、变形、柱式和断裂的拱券，或把古典构件进行抽象处理并以新的手法将其组合在一起，即采用非传统的混合、叠加、错位、裂变等手法和象征、隐喻等手段，以期创造一种融感性与理性、集传统与现代、糅大众与行家于一体的“亦此亦彼”的建筑和室内环境。

美国建筑师斯特恩提出后现代主义建筑有三个特征：①采用装饰；②具有象征性或隐喻性；③与现有环境融合。

后现代风格的特点如下。

（1）反对现代主义重视功能、简化形态和反对装饰的主张。

（2）轻功能，将传统装饰“符号化”，以一种近乎怪诞的游戏心态来表现作品。

（3）作品有很强的隐喻性和戏谑性。

（4）强调历史的延续性，选择历史上具有代表性的、有意义的设计元素，采用分离、简化、裂变、重组等表现手法，运用新材料。

后现代风格案例如图 1.4.6 所示。

图 1.4.6　后现代风格案例

课后

课后问题	答案区
根据现代风格家具、陈设品的特点,选取一个现代风格典型案例进行分析(注:图文并茂)	

项目5　东南亚风格解析及应用

<table>
<tr><td rowspan="3">教学目标</td><td>素质目标</td><td>1. 培养学生发现、观察与积累日常生活中美好事物的意识。
2. 培养学生对不同风格饰品的理解能力。
3. 培养学生的创新思维</td></tr>
<tr><td>知识目标</td><td>1. 掌握东南亚风格陈设品的特点。
2. 掌握东南亚风格陈设品的分辨技巧。
3. 了解饰品工艺的生产流程</td></tr>
<tr><td>能力目标</td><td>1. 具备运用东南亚风格家具、陈设品的特点对陈设品进行分辨的能力。
2. 具备运用理论知识，进行家居饰品搭配的能力</td></tr>
<tr><td rowspan="3">教学内容</td><td>主要知识点与技能</td><td>东南亚风格陈设品的特点</td></tr>
<tr><td>教学重点</td><td>东南亚风格陈设品的特点</td></tr>
<tr><td>教学难点</td><td>将东南亚风格陈设品的特点之间的差异讲清楚，能够让学生很好地进行分辨</td></tr>
</table>

课前

课前导入	问题发布	答案区
观看东南亚风格的居室设计图片，使学生对室内的家具、陈设品有一个感性认识	1. 图片上的家具有什么特点？ 2. 图片上的陈设品有什么特点？	

课中

情境引入

由于对先进产业的负面影响预估不足，预防措施不足，全球面临着三大危机：资源短缺、污染和生态破坏。

污染是指向环境中添加超过其自清洁能力并产生危害的行为，包括自然因素和人为因素。其中，人为因素引起的污染物会污染环境，对生物体的生长和繁殖以及正常的人类生活造成有害影响。人为因素使环境组成或状态发生变化，导致环境质量下降，扰乱和破坏生态系统以及人类正常生产和生活条件。

根据环境要素的属性，污染可分为空气污染、土壤污染和水污染；根据人类活动分为工业污染、城市污染和农业污染；根据污染的类型，可分为化学污染、生物污染、物理污染（噪声污染、放射性污染、电磁波污染等）、固体废物污染、液体废物污染、能源污染和光污染。

授课内容

东南亚是二战后出现的一个新的地区名称，由越南、老挝、柬埔寨、缅甸、泰国、马来西亚、新加坡、印度尼西亚、菲律宾、文莱和东帝汶等 11 个国家组成。该地区位于太平洋和印度洋的交汇处，由此产生了湿热的气候，形成了茂密的热带森林。东南亚风格具有浓郁的热带雨林自然氛围和民族特色，在珠三角地区附近备受追捧，并因其民族特色形成了独特的设计风格。

东南亚风格的特点如下。

（1）家具由东南亚地区的天然材料制成，资源丰富，材料丰富。它们大多由纯天然藤条、竹子和柚木制成，并且是手工制作的。代表性的例子是来自印度尼西亚的藤条、来自马来西亚河流的风信子和藻类以及来自泰国的木胶合板。

（2）大多数织物装饰品都有闪闪发光的颜色，以丝绸为主要材料。

（3）配饰具有强烈的民族特色：经典的东南亚漆器制品，有鲜红、金色和红色的脸谱，如铜莲花顶灯和质地粗糙的手工铜吊灯等金属灯；宗教装饰品，如人类面具、珍贵文物、羊皮花器皿、火焰木雕和具有佛教风格的装饰品；生态配饰、装饰元素。

东南亚风格案例如图 1.5.1 所示。

图 1.5.1　东南亚风格案例

图 1.5.1 东南亚风格案例(续)

课后

课后问题	答案区
根据东南亚风格家具、陈设品的特点,选取一个东南亚风格典型案例进行分析(注:图文并茂)	

项目6 中西混搭风格解析及应用

教学目标	素质目标	1. 培养学生发现、观察与积累日常生活中美好事物的意识。 2. 培养学生对不同风格饰品的理解能力。 3. 培养学生的创新思维
	知识目标	1. 掌握中西混搭风格陈设品的特点。 2. 掌握中西混搭风格陈设品的分辨技巧。 3. 了解饰品工艺的生产流程
	能力目标	1. 具备运用中西混搭风格家具、陈设品的特点对陈设品进行分辨的能力。 2. 具备运用理论知识，进行家居饰品搭配的能力
教学内容	主要知识点与技能	中西混搭风格陈设品的特点
	教学重点	中西混搭风格陈设品的特点
	教学难点	将中西混搭风格陈设品的特点之间的差异讲清楚，能够让学生很好地进行分辨

课前

课前导入	问题发布	答案区
观看中西混搭风格的居室设计图片，使学生对室内的家具、陈设品有一个感性认识	1. 图片上的家具有什么特点？ 2. 图片上的陈设品有什么特点？	

课中

情境引入

思政园地：中西混搭风格陈设布置中的中式元素的“引领”作用

在中西混搭的室内空间中，中式元素的引领作用首先体现在空间秩序的建构上。传统中轴对称的布局方式与“天人合一”的空间哲学，为现代居所设计奠定了文化基调。例如，以明式官帽椅搭配现代沙发时，通过抬高座椅高度、强化木质肌理等方式，使传统家具成为视觉焦点。这种空间叙事不是简单的形式拼贴，而是通过器物等级关系的重构，表达中国文化的主体性与话语权。

材质语言的创新运用是彰显文化主体性的重要途径。例如，中国传统大漆工艺的温润质感与西方金属的冷峻特质在设计中形成对话时，设计师常通过扩大漆面面积、强化反光效果等手法，使传统工艺在材质运用中占据主导地位。苏州博物馆文创区将缂丝屏风与钢化玻璃展柜并置，通过光线调控使丝织品的细腻纹理成为空间氛围的主导力量，正是这种材质话语权的生动体现。

使用功能的当代转译让传统文化焕发出新的生命力。例如，智能茶台与传统圈椅的组合中，茶道仪式的体验过程以其独特的秩序引导着空间使用节奏，使西方家具退居为功能补充。再如，北京某精品酒店将二十四节气主题的数字投影与传统多宝阁结合，参观者可通过手机交互了解文物故事，这种技术赋能使中式元素成为贯穿古今的文化枢纽。

授课内容

中西混搭风格不局限于定位某一种文化，而是将两种或多种风格的特点交融于一个空间之内，形成特殊而新鲜的视觉心理体验。

中西混搭风格的陈设方法如下。

（1）在两种以上陈设风格同时出现在一个空间时，应选择近似形式的陈设品，使其统一。

（2）在两种以上陈设风格同时出现在一个空间时，应选择近似色彩的陈设品，使其统一。

（3）在选择陈设品时，应选择风格特点不太明显的陈设品，以便与其他风格混搭。

中西混搭风格案例如图 1.6.1 所示。

图 1.6.1　中西混搭风格案例

课后

课后问题	答案区
根据中西混搭风格家具、陈设品的特点，撰写一个反映中西混搭风格的设计案例	

项目7　田园风格解析及应用

教学目标	素质目标	1. 培养学生发现、观察与积累日常生活中美好事物的意识。 2. 培养学生对不同风格饰品的理解能力。 3. 培养学生的创新思维
	知识目标	1. 掌握田园风格陈设品的特点。 2. 掌握田园风格陈设品的分辨技巧。 3. 了解饰品工艺的生产流程
	能力目标	1. 具备运用田园风格家具、陈设品的特点对陈设品进行分辨的能力。 2. 具备运用理论知识，进行家居饰品搭配的能力。
教学内容	主要知识点与技能	田园风格陈设品的特点
	教学重点	田园风格陈设品的特点
	教学难点	将田园风格陈设品的特点之间的差异讲清楚，能够让学生很好地进行分辨

课前

课前导入	问题发布	答案区
观看田园风格的居室设计图片，使学生对室内的家具、陈设品有一个感性认识	1. 图片上的家具有什么特点？ 2. 图片上的陈设品有什么特点？	

课中

情境引入

春天来了,青草的气息在空气中弥漫。田园风格也同样给我们带来了淡淡的青草香。田园风格不是乡村景观风格,而是一种亲近自然、向往自然的风格,致力于回归自然。在美学方面,田园风格致力于自然美,相信只有尊重和结合自然,才能在当今高科技和快节奏的社会生活中实现生理和心理的平衡。

因此,田园风格力求表达一种悠闲、放松、自然的田园生活方式。在田园风格中,粗糙和破坏是允许的,因为只有这样,才能更接近自然。

田园风格之所以被称为田园风格,是因为其表达的主题是贴近自然,展现简单的生活氛围。田园风格最大的特点是简洁、温暖和实用。田园风格景观有很多种,包括英式景观、美式景观、法式景观等。

授课内容

思政园地:中国当代生态文明与乡村振兴视角下的田园风格

材料选择层面,夯土墙面、芦苇吊顶等乡土建材的应用,将环保理念具象化为可触摸的空间语言。例如,浙江松阳的民宿改造中,工匠用传统夯筑技术建造的墙体与地暖系统结合,既延续了地域建造智慧,又满足了舒适度需求。这种“土技新用”的实践,生动诠释了传统文化创造性转化的可行路径。

空间功能设计层面,融入可食地景的阳台农园、配备雨水回收系统的庭院等,使低碳生活理念自然渗透到日常行为中。例如,成都“田园综合体”项目将菜圃与儿童活动区并置,通过参与式种植活动,在城市空间中重建人与土地的情感联结。这种设计策略暗含了生态文明建设需要全民参与的深层逻辑。

文化符号转译层面,抽象化的麦穗纹样金属隔断、用秸秆板制作的现代家具等,使农业文明符号突破怀旧语境,实现了审美价值的现代转化。例如,北京某乡村博物馆将二十四节气融入互动灯光装置,用科技手段激活传统文化记忆,这种尝试正是文化自信在环境设计领域的微观呈现。

一、田园风格的特点

田园风格以突出田地和园圃特有的自然特征为表现手段，充分展现出浪漫温馨、自然闲适的风格特色。其特点如下。

（1）崇尚自然，建筑材料以砖、陶、木、石、藤、竹为主。

（2）家具材质清新华丽，多以原木、藤为主。

（3）在织物质地的选择上多采用棉、麻等天然制品。

（4）大量使用有碎花图案的各种布艺和挂饰。

（5）色彩搭配方面多采用雅洁清新的颜色，如明黄、淡蓝、白等。

二、田园风格家具的特点

（1）家具多选择纯实木，外刷白漆。

（2）常用全布艺沙发，图案多以花卉为主，颜色较清雅，配以原木茶几及原木椅。

（3）桌椅多以白色为主，木制表面多用油漆或体现木纹，或应用白瓷漆，图案简洁；摆放相对随意。

（4）床以白色、粉色居多；布艺以绿色为主，也有纯白色床头配以手绘图案。

（一）英式田园风格家具的特点（优雅、简约）

（1）家具多以奶白、象牙白等白色为主，材质多使用松木、椿木、桦木、楸木，强调纯手工制作。

（2）布面上绣有碎花、条纹、苏格兰图案。

（3）床柜多使用白色及草本色。

（4）布面的手工沙发上印有花卉图案。

英式田园风格家具案例如图 1.7.1 所示。

（二）法式田园风格家具的特点（浪漫、温馨）

（1）家具使用天然材料，应用原木色（如藤制家具），有的家具也饰以白漆。

（2）布艺多选择印花布、棉麻制品，图案多用花鸟及传统的欧式纹样。

（3）色彩以暖色为主，主要色调有绿、黄、粉蓝、粉紫等。

（4）强调亲切感，多应用花卉、手工制品，布艺挂饰等。

法式田园风格家具案例如图 1.7.2 所示。

图 1.7.1　英式田园风格家具案例

图 1.7.2　法式田园风格家具案例

（三）美式田园风格家具的特点（回归自然、悠闲舒畅）

（1）家具材料选择上多倾向于硬实、光挺、华丽的材质，多用开光漆。

（2）以温馨柔软的成套布艺来装点室内空间。

（3）色彩多选用纯度不高，温和古雅的色调。

（4）手绘家具是一大特色。

美式田园风格家具案例如图 1.7.3 所示。

（四）手绘家具的特点（自然、艺术）

（1）以花卉、植物、动物、乡村风景为主题，突出田园气息与艺术感。

（2）以天然木材为基材，表面打磨后涂环保漆，强调图案的细腻与层次。

（3）色彩柔和自然，如浅黄、米白、浅绿、淡蓝，营造清新雅致的氛围。

（4）兼具实用性与装饰性，每件作品皆具独特手工价值，体现个性与人文关怀。

手绘家具案例如图 1.7.4 所示。

图 1.7.3　美式田园风格家具案例

图 1.7.4　手绘家具案例

课后

课后问题	答案区
根据田园风格家具、陈设品的特点，选取一个田园风格的典型案例进行分析（注：图文并茂）	

模块 2　室内陈设设计色彩解析

项目 1　室内配饰的色彩解析

<table>
<tr><td rowspan="3">教学目标</td><td>素质目标</td><td>1. 培养学生发现、观察与积累日常生活中美好事物的颜色的意识。
2. 培养学生对色彩美学的理解能力。
3. 培养学生的创新思维和创新精神</td></tr>
<tr><td>知识目标</td><td>1. 掌握室内配饰色彩的搭配原则。
2. 掌握色彩元素定位及色彩摆放技巧。
3. 了解不同色彩给人带来的心理感受</td></tr>
<tr><td>能力目标</td><td>1. 具备运用家居配色的原则设计不同风格室内居室搭配的能力。
2. 具备运用相关软件、创新方法，对空间色彩进行反复思考、尝试的能力</td></tr>
<tr><td rowspan="3">教学内容</td><td>主要知识点与技能</td><td>1. 家居配色遵循的原则。
2. 限制三种颜色的定义。
3. 室内配饰的色彩解析：
（1）不要用蓝色装饰餐厅；
（2）黑白等比；
（3）紫色会给空间带来压抑感；
（4）粉红色会给人带来烦躁的情绪；
（5）红色不能长时间作为空间主色调；
（6）不要用单一的金色装饰房间；
（7）橙色会影响睡眠质量；
（8）不要在书房用黄色；
（9）黑色忌大面积运用；
（10）咖啡色不是餐厅和儿童房的理想色彩。
4. 色彩元素定位及色彩摆放实战项目训练：
（1）现代风格；
（2）复古风格；
（3）乡土风格和自然风格；
（4）东方风格；
（5）后现代风格</td></tr>
<tr><td>教学重点</td><td>1. 家居配色遵循的原则。
2. 限制三种颜色的定义</td></tr>
<tr><td>教学难点</td><td>运用居然设计家软件，针对不同风格进行色彩搭配</td></tr>
</table>

课前

课前导入	问题发布	答案区
观看微课“呼唤色彩的空间”视频，使学生对空间色彩有一个感性认识	1. 家居配色遵循的原则是什么？ 2. 限制三种颜色的定义是什么？	

课中

情境引入

色彩是通过眼、脑和我们的生活经验所产生的一种对光的视觉效应。人对颜色的感知不仅仅由光的物理性质所决定，比如人类对颜色的感知往往受到周围其他颜色的影响。有时人们也将物质产生不同颜色的物理特性直接称为颜色。

电磁波有不同的波长和强度，在人可以感受到的波长范围内（380~780 nm）的电磁波，被称为可见光，有时也被简称为光。假如将一个光源各个波长按强度大小进行排列，就可以获得这个光源的光谱。一个物体的光谱决定这个物体的光学特性，包括它的颜色。虽然可以将一个颜色定义为所有这些光谱的总和，但是不同的动物所看到的是不同的，不同的人所感受到的也是不同的，因此这个定义是相当主观的。

授课内容

一、色彩的基本知识

（一）色彩的三要素

色彩的三要素包括色相、明度、纯度。

（二）色彩的混合

色彩的混合包括原色、间色、复色。

（三）色彩的种类

1. 同类色相对比（0°）——弱对比

同类色相为一种色相的不同明度或不同纯度变化。其效果统一、文静、雅致、含蓄、稳重，但也易产生单调、呆板的弊病。

2. 邻近色相对比（30° 左右）——弱对比

邻近色相对比为色相环上相邻的二至三色对比，为弱对比类型，如红橙与橙与黄橙色对比等。其效果柔和、和谐、雅致、文静，但也单调、模糊、乏味、无力，必须通过调节明度差来加强效果。

3. 类似色相对比（60° 左右）——较弱对比

类似色相对比如红与黄橙色对比等。其效果较丰富、活泼，但又不失统一、雅致、和谐。

4. 中差色相对比（90° 左右）——中对比

中差色相对比如黄与绿色对比等。其效果明快、活泼、饱满，使人兴奋，对比既有相当力度，但又不失调和之感。

5. 对比色相对比(120° 左右)——强对比

对比色相对比如黄绿与红紫色对比等。其效果强烈、醒目、有力、活泼、丰富,但不易统一而略显杂乱、刺激,易造成视觉疲劳,一般需要采用多种调和手段来改善对比效果。

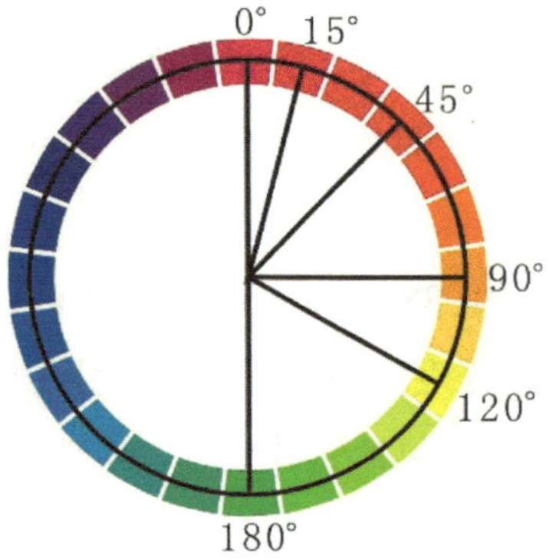

图 2.1.1 色环

6. 补色对比(180° 左右)——极端对比

补色对比如红与蓝绿、黄与蓝紫色对比等。其效果强烈、炫目、极有力,但若处理不当,易产生幼稚、原始、粗俗、不安定、不协调等不良感觉。补色绝对不能面积相等、边缘靠近、纯度相等,可以利用金、银、黑、白线进行分隔处理。

色环如图 2.1.1 所示。

(四)冷色与暖色

色彩的冷暖可以产生视觉上的远近透视:近处颜色偏暖、纯度高,对比强的色彩感觉距离近;远处颜色偏冷含灰,对比弱的色彩感觉距离远。

在色环上的两端,冷极色蓝、暖极色橙,红、黄为暖色,红紫、黄绿为中性微暖色,青紫、蓝绿为中性微冷色。

(五)色彩的调和

色彩调和的方式可分为:同类色调和、近似色调和、面积调和、分割调和。

同类色调和如图 2.1.2 所示。

图 2.1.2 同类色调和

二、色彩的象征

(一)红色

红色在可以使人感到温暖和安全同时具有威严和奔放的性质,除了可以激发动感、热情,还可以反映出欲望、恐怖等负面情感。

作为三原色之一的红色,在色相环上属于暖色系的范畴,作为装饰红色会给人以空间狭窄的感觉。

现代设计中,由于红色带来的视觉感受过于强烈,在住宅中并不多见,设计师更倾向于将它作为点缀色来使用。

红色案例如图 2.1.3 所示。

(二)粉色

粉色具有优雅、甜美和温柔等特质,以及平坦、不成熟和害羞等个性特征。总的来说,由于粉色的特征，它可以引起人们的同情，但似乎也缺乏信任和热情。

粉色可能没有红色那么华丽和美丽，但它更容易被接受。粉色的甜味可以给忙碌勤奋的人带来一丝舒适与宁静。

粉色案例如图 2.1.4 所示。

图 2.1.3　红色案例

图 2.1.4　粉色案例

(三)黄色

黄色具有轻盈、明朗、快乐与外向等特征。喜爱黄色的人向往成功，能够积极地与人沟通，更具有浪漫的贵族气质。

黄色是较为引人注目的颜色，它给人一种亲密感，也能产生激励。由于具有广告和创意元素的行业可吸引人们的注意力。

黄色在中国古代，是权力和财富的象征，但也有负面的象征性，如在西方，其具有偏见和破坏性统治等负面含义。在法国大革命期间，那些被视为新政权反叛者的人被涂成了黄色。即使是美丽的黄玫瑰也带有嫉妒和消极的象征意义。

黄色案例如图 2.1.5 所示。

(四)橙色

因为橙色是日落的颜色，可以表现出壮观的美丽，也可以营造出浪漫活泼的氛围，比如异国情调的花朵和热带水果，能让人感到放松。当面临生活中的困难时，橙色可以帮助人们重新获得信任和热情，但有时也会让人感到无聊。

橙色和蓝色结合可以营造出一种高度活跃和时尚的氛围，因为橙色的纯度增加，产生过于刺激的视觉效果。因此，浅橙色更适合作为强调色。橙色经常出现在标牌和广告中。

橙色容易让人昏昏欲睡，降低血液循环速度，刺激免疫系统。

橙色案例如图 2.1.6 所示。

图 2.1.5　黄色案例

图 2.1.6　橙色案例

（五）蓝色

蓝色具有清新、智慧和诚实等个性特征。蓝色会让人想起无尽的大海，给人一种舒适浪漫的感觉，让人感到平静安详。

在许多神话中，蓝色象征着天空中的神、智慧、权力和宗教等级。比如，在古希腊神话中，众神之王宙斯就被供奉在蓝色神庙中。

在中国古代，象征东方的“青龙”被视为天帝，代表着复兴、成长和创造。这里的“青”指的是蓝色。

蓝色还象征着英国贵族阶层，“蓝色血统”意味着是皇室成员。

蓝色也代表着忧郁，如美国南部的音乐蓝调，便是一种具有忧郁旋律的音乐形式。

蓝色案例如图 2.1.7 所示。

（六）绿色

绿色是生命、宁静和舒适的象征。可以说绿色是最接近自然的颜色，因为当我们看到它时，会把它与春天的万物复苏和夏天的生机勃勃联系起来。

从健康角度来看，绿色有助于保护视力，因为眼睛在看到绿色时不必调整视网膜。绿色也是中国贵族的象征，玉石被认为是最有价值的宝石之一。

黄绿色可以使人们感到精力充沛和振奋，相反淡绿色会让人感到忧郁和悲伤。绿色还有很多负面象征，比如可怕的毒蛇大多是绿色的，所以绿色也是一种与毒药有关的颜色。

绿色案例如图 2.1.8 所示。

图 2.1.7　蓝色案例

图 2.1.8　绿色案例

（七）紫色

从情感上讲，紫色是理性与情感和谐的象征，传达了一种精神稳定而不失敏感的感觉。

从心理学的角度来看，紫色可以为人们提供温暖的刺激，能够使他们集中注意力，仔细思考，也能增强他们的自信心。

紫色一直是贵族和财富的象征。在西方，紫色是用来代表耶稣受难的颜色，所以它在复活节使用，尤其是圣灰星期三和圣周六（复活节前夕）。

在中国宋代，最高等级的官服也是紫色的，紫色的衣服很珍贵。

但紫色有时也被认为是一种虚荣和人为的颜色。

紫色案例如图 2.1.9 所示。

（八）黑色与白色

黑色和白色具有完全相反的象征意义。一般来说，黑色和白色象征着善与恶、光明与黑暗。特别是在中国的太极图中，白为阳，代表着力量与活力；黑为阴，代表着柔顺与和谐。

在西方，白色代表着所有的美德，象征着神圣、和平和希望。白色，也被称为全色，体现着干净纯净。在东方，白色有一些消极的象征意义，它是死亡和悲伤的象征。

在绝大多数情况下，黑色是消极的，因为黑色唤起了人们对黑暗和未知领域的恐惧。但在现代，尤其是在时尚界，黑色象征着平静和精致的外观。在室内设计中，黑色象征着庄重、优雅和奢华。

黑白色案例如图 2.1.10 所示。

图 2.1.9 紫色案例

图 2.1.10 黑白色案例

（九）灰色

灰色具有节制、智慧和消极等象征意义。浅灰色有助于稳定情绪，恢复健康意识，而中灰色则代表着谦逊。

喜欢灰色的人可能有抑制或提高敏感度的倾向，以及缺乏自信。如果他们无法接受外部世界的打扰，可能会倾向于内心的某种和平与宁静。

设计中的灰色，也被认为是无色的。在现代室内设计中，灰色代表着高贵典雅，以及谦逊的性格。

灰色案例如图 2.1.11 所示。

（十）棕色

棕色以橙色为基础，降低了橙色的亮度和纯度。它具有优雅、成熟、和平等象征意义。棕色具有强烈的卓越感，是一种简单、安全、健康的颜色。

喜欢棕色的人勤奋耐心，大多以极其认真的态度对待工作和生活。

棕色象征着舒适和奢华，以及一种力量感，因为它更接近土壤的颜色。棕色还具有沉重而消极的象征意义，是死亡和腐烂的同义词。

从古至今，人们都用棕壤建造房屋，这给人一种更坚固、更安全的感觉。室内设计中经常使用天然木材和砖块，从而使棕色与我们的生活密不可分。棕色由于其低轮廓，可以更好地对比其他颜色，是一种非常有效的背景色。

在中国古代，木材深沉而丰富的自然色彩（从文化角度来看）可以用来强调高贵和奢华，也可以作为主题色。

棕色案例如图 2.1.12 所示。

图 2.1.11　灰色案例

图 2.1.12　棕色案例

三、色彩的联觉

（一）色彩的音乐感

色彩构成中可通过色彩的强弱、明暗、鲜浊、冷暖、色的形状变化和秩序安排来体现音乐的旋律、节奏、韵律和调性。

（二）色彩的味觉

饮食文化强调色、香、味的结合，以色为重。颜色可以影响人们的食欲，变化和组合的颜色可以促进人们产生食欲，而单调或混乱的颜色组合会导致人们失去食欲。不同颜色的光源也会对食物的色泽产生影响，导致人们有不同的食欲反应。许多在农贸市场卖肉的摊位用红色玻璃纸包裹灯泡，在红光的照射下，肉看起来更新鲜，能够刺激人们的食欲。

（三）色彩的轻重

色彩的轻重主要取决于色彩的明度变化，其次是纯度变化。明亮的色调，使整个画面轻松明快。

（四）色彩的空间感

色彩，通过在空气中的辐射、传播、吸收与反射，构成了视觉中的色彩空间。近处颜色偏暖、纯度高；对比强的色彩感觉距离近；远处颜色偏冷含灰，对比弱的色彩感觉距离远。

（五）色彩的华丽与质朴

美丽而简单的色彩承载着主观心理因素，但也明显具有客观属性。颜色不仅可以给人一种华丽的感觉，还可以带来一种简单的感觉。

色彩的华丽和简洁程度受到色彩三要素的影响。其中，纯度关系最大，色相和明度关系较小。高纯度华丽，低纯度朴素。

（六）色彩的亲切与疏远

色彩的亲切感是人对色彩三要素对比变化的心理感受。

四、色彩搭配设计的基本要求

（一）空间使用的目的

不同的空间（会议室、病房、居室），有不同的使用目的和色彩需求。

（二）空间的大小和形式

色彩可以按照不同的空间大小、形式进一步强调和削弱。

（三）空间的方位

不同方位、不同光线，冷暖关系也不同，可利用色彩加以调整。

（四）使用人的类别

年龄、性别、职业、性格不同对色彩的要求也不同，在不违背色彩搭配设计原则的基础上，应迎合使用者的爱好和个性。

（五）空间使用时间的长短和活动范围

不同的活动空间（工业车间、展厅）和工作内容，需要在不同色彩和视线条件下实现安全、高效、舒适的效果。

（六）空间的周边环境

色彩反射可以影响到其他颜色，不同环境色彩给人不同的视觉感受，所以色彩搭配应与周围环境进行协调。

五、色彩搭配设计的原则

（一）色彩对比与协调原则

1. 色彩对比

色彩对比是指通过色彩之间的差异来突出或区分设计中的不同元素，这种差异可以体现在色相、明度、纯度等多个方面。例如，色相对比是最简单的对比形式，涉及两种纯色在充分强度上的对比；明度对比则关注黑、白、灰的层次，即明暗度的对比；纯度对比则是灰与鲜艳的对比。色彩对比可以增强视觉冲击力，使设计更加生动和引人注目。然而，过度的对比也可能导致视觉疲劳或带来不舒适感，因此需要适度运用。

2. 色彩协调

色彩协调主要通过选择相近或相似的颜色来实现，这些颜色在色相环上的位置相近，给人一种和谐统一的感觉。例如，同一色相的配色可以通过颜色的明暗、深浅变化来完成色彩搭配，给人稳定柔和的感觉。协调色搭配包括同类色搭配（深浅、明暗不同的两种同一类颜色搭配）和近似色搭配（两个比较接近的颜色搭配），这些搭配方式能够使画面显得柔和文雅，有助于营造和谐的视觉效果。

（二）色彩构图原则

在色彩构图时应同时考虑色彩及其黑白灰关系在画面上的分布，注意冷暖、明暗在构图中的变化，以及物体的大小、粗细、高矮、方圆等，这些都会直接影响到画面的形式美。色彩构图原则涉及构图的基本要求、色调对比、主次塑造、质感表现、虚实处理以及色彩与构图的结合，这些原则共同作用，既使得画面具有美感又能充分表达艺术家的意图和情感。

（三）色彩统一与变化原则

色彩统一与变化原则是设计领域中一个非常重要的原则，它涉及色彩的运用、搭配以及整体视觉效果的营造。这一原则要求设计师在创作中既要保持色彩的统一性，又要巧妙地运用色彩的变化来突出重点和个性。

1. 色彩统一性的重要性

统一性能够带来视觉上的和谐与舒适感，使设计作品更加整体、有条理。统一的色彩能够强化设计主题，使观众更容易理解和接受设计所传达的信息。在品牌设计中，统一的色彩运用有助于建立品牌识别度，加深消费者对品牌的印象。

2. 色彩变化的作用

变化能够突出设计中的重点元素，吸引观众的注意力，增强视觉冲击力。通过色彩的对比和变化，可以营造出丰富的层次感和空间感，使设计更加生动有趣。色彩的变化还可以用来表达不同的情感和氛围，增强设计的感染力和表现力。

3. 如何实现色彩统一与变化的平衡

在选择色彩时，首先要确定一个主色调作为设计的基调，以确保整体的统一性。在主色调的基础上，巧妙地运用辅助色来突出重点和个性，增加设计的层次感。在设计中，要注意色彩的比例和分布，避免过于杂乱或单调，保持整体的和谐与平衡。

（四）色彩重复与呼应原则

色彩重复与呼应原则是软装搭配中的重要原则，能增强空间的整体感和统一感。

1. 色彩重复

色彩重复是指在空间中反复使用相同或相近的色彩，如沙发上的靠垫与地毯通过色彩重复相互呼应，形成视觉上的秩序感和节奏感，增强整体感。

2. 色彩呼应

色彩呼应是指通过色彩在不同元素间的相互搭配和点缀，达到协调统一的效果，例如皮衣与皮包色彩呼应，使整体显得协调。

3. 配色比例

在运用重复与呼应原则时，需考虑色彩的搭配比例，确保空间色彩的和谐统一。

色彩重复与呼应不仅适用于软装搭配，也是美术创作和设计中常用的手法，能够创造出富有层次感和韵律感的作品。

（五）色彩节奏与韵律原则

色彩节奏与韵律是西方绘画中的重要表现手法。

1. 色彩节奏

色彩节奏是指通过色彩的聚散、重叠、反复、转换等手法，在色彩的更动、回旋中形成美感，一般可分为渐变节奏、反复节奏和多元节奏。渐变节奏是通过色相、明度、纯度等要素的渐变排列，增加层次感与空间感；反复节奏则是将同一色彩要素连续反复使用，以获得节奏感；多元节奏则是一种更为自由的节奏形式，通过色彩与造型要素的变化配合，形成视觉上的节奏感。

2. 色彩韵律

色彩韵律是色彩节奏的延伸，通过色彩的组合与变化，形成如同音乐旋律般的视觉感受，能够激发人的情感共鸣，产生悦目赏心的效果。

（六）室内色彩搭配原则

1. 不要用蓝色装饰餐厅

蓝色是一种能唤起想象力的颜色。传统的蓝色往往成为现代装饰设计中热带风格的表现。蓝色还具有调节神经和镇静心灵的功能。蓝色清新优雅，与各种水果搭配使用效果很好，但不适合在餐馆或厨房使用。在蓝色桌子或餐垫上吃饭总是不如在暖色环境中开胃。同时，不要在餐馆安装白炽灯或蓝色情绪灯。科学实验表明，蓝光会使食物看起来没有吸引力。但作为浴室的装饰，它可以提高神秘感和私密性。

2. 黑白等比

黑白相间的房间拥有现代氛围，是一些时尚人士的首选。但如果在卧室里同样使用黑色和白色，则看起来太过时髦。长时间处于这种环境会让人头晕、紧张、烦躁和失落。最好以白色为主色调，辅以其他颜色，这样能使房间明亮舒适，同时又兼具品位和乐趣。

3. 紫色会给空间带来压抑感

紫色给人以平静、脆弱和温柔的印象，总是唤起无尽的浪漫联想。注重时尚的人非常欣赏紫色。但大面积的紫色会使整个房间变暗，并产生一种压迫感。建议不要在需要愉快氛围的房间里使用紫色，也不要将其用在儿童房里，因为它会给儿童带来无助感。如果想要使用紫色，可以在客厅的某些地方使用紫色作为装饰亮点，比如卧室的一角或浴室的窗帘。

4. 粉色会带给人烦躁的情绪

过度使用粉色很容易让人感到烦躁。一些新婚夫妇喜欢用粉色来营造浪漫，调整新家的氛围。然而，厚厚的粉色会让人处于兴奋状态，一段时间后，生活在其中的人会莫名产生愤怒，容易引发争吵。建议在客厅使用粉色作为装饰元素或稀释颜色浓度。淡粉色的墙壁或壁纸可以使房间变得温暖。

5. 红色不能长时间作为空间主色调

中国人认为红色是一种有前途的颜色。从古至今，新婚夫妇的婚礼房间都是红色的。红色承载着激情和旺盛的意义，充满了燃烧的力量。然而，客厅里过多使用红色会使眼睛疲劳，导致头晕和眼花。即使是新婚夫妇，也不建议长时间保持房间红色。

6. 不要用单一的金色装饰房间

金色闪闪发光，展现出大胆无畏的个性。在简单的白色背景下，图片会显得非常干净。但黄金是最容易反射光线的颜色之一，闪闪发光的金色环境会对人们的视力造成很大的伤害，使人们非常紧张，难以放松。

7. 橙色会影响睡眠质量

橙色是一种充满活力和能量的颜色。在卧室里使用会让人难以平静，不利于睡眠，但在客厅里使用可以营造出愉快的氛围。同时，橙色具有开胃作用，所以成为装饰餐厅的理想颜色。将橙色与巧克力色或米色相结合也有放松效果，对于追求时尚的年轻人来说，巧妙的色彩组合是一种大胆的尝试。

8. 不要在书房使用黄色

可爱成熟、优雅自然的黄色配色方案正流行起来。果黄色具有温和的特性，黄油黄色散发着活力，金黄色带来温暖。黄色还有稳定情绪和增加食欲的作用。然而，长时间接触高纯度黄色会让人懒惰，因此建议在客房和餐厅添加一些装饰品。黄色最不适合在研究中使用，因为它会减缓思维速度。

9. 黑色忌大面积运用

根据五行学说，黑色属于水，是一种相对平静的颜色。所以一般来说，很少有人会用黑色来装饰卧室的墙壁。在浴室里使用它时，也要注意比例。建议大面积的黑色搭配金色点缀，以营造稳定奢华的感觉；与白色的结合是永恒的经典；与红色相结合，气氛强烈而炎热。一般来说，珠宝上应该使用高纯度的红色调，以传达神秘和高贵的感觉。

10. 咖啡色不是餐厅和儿童房的理想色彩

咖啡色属于中性暖色调，优雅、简单、喜庆。它摒弃了金色色调的奢华或象牙白色的单调。咖啡色本身是一种相对微妙的颜色，它会让餐馆变得无聊和忧郁，从而影响食物的观感;而且它不适合在儿童房使用,深色会让孩子觉得抑郁;同时,咖啡色不适合与黑色搭配。为了避免暗淡,可以使用白色、灰色或米色作为补色,使咖啡色闪耀出自己的光彩。

六、色彩搭配设计方法

(一)无色彩配色

无色彩配色指的是使用黑色、白色、灰色进行搭配的方法。这种配色方式具有多种优势,如搭配难度低、可塑性极强等,适用于各种场合。

1. 色彩特性

黑色具有视觉冲击力,可表现多种心理感受和审美效果;白色象征清纯、纯洁,带有青春气息;灰色则层次丰富,能给人高雅含蓄之感。

2. 搭配优势

无彩色配色方式简单耐看,能够降低搭配难度,同时具有很强的可塑性,可以塑造出多种搭配风格。无彩色系更适合追求简约、高级风格的空间,以及希望降低搭配难度、提高搭配效率的空间。

(二)同类色配色

同类色配色强调统一和谐,注重色彩间的细微差异与对比。同类色是指在 24 色相环上夹角 60° 以内的色彩,它们色相对比差异不大,给人一种端庄、沉静、稳重的感觉。配色时需注意两种色彩之间应有一定的对比度,以避免过于单调。同类色配色的关键在于利用明度、纯度和冷暖变化来创造丰富的色彩效果,即使使用多种颜色也不会显得杂乱无章。此外,通过调整色彩的明暗度属性,可以增加同类色配色的层次感和视觉深度,避免呆板单调。在实际应用中,同类色配色常用于需要营造和谐、统一氛围场景的室内空间中。

(三)邻近色配色

邻近色配色是指在色相环上相距 60° 左右,或者相隔一个色相位置的颜色搭配。这种配色方式能够呈现出和谐统一、柔和亲切的视觉效果,同时保持一定的色彩丰富度。例如,黄色与绿色、红色与橙色、蓝色与紫色等都是邻近色配色。邻近色之间由于色相相近,色彩的冷暖属性和情感特性也较为接近,因此能够很好地保持画面的协调与统一。在设计中,邻近色配色是使用频率较高的配色方案之一,适用于多种空间风格。

(四)类似色配色

类似色配色是指在色相环上相邻、相近的颜色搭配。这种配色方案由于色相对比不强,能够营造出和谐、统一的视觉效果,给人以平静、调和的感觉。类似色配色通常使用三种相邻的颜色,包括主色、中间色和相邻的副色。通过调整颜色的明度和饱和度,可以进一步丰富画面效果,加强画面的色调。类似色配色在设计中较为常见,能够创造出舒适、温馨的氛围。

（五）对比色配色

对比色配色是指使用色相环上相距较远、色彩差异较大的颜色进行搭配，以产生鲜明、强烈的视觉效果。常见的对比色配色包括红与绿、黄与紫、蓝与橙等补色对比，以及色相环上相距 120°~180° 的其他颜色对比。对比色配色能够突出色彩的特性，增强画面的视觉冲击力，但需注意控制色彩比例，避免过于突兀。在实际应用中，可以通过调整色彩面积、降低饱和度或明度、加入黑白灰等无彩色系等方法来调和对比色，使整体配色更加和谐统一。

课后

课后问题	答案区
搜集一套软装设计方案，根据室内色彩配饰原理，进行分析，并制作一套软装配色方案	

项目 2　色彩元素定位及色彩摆放实战项目训练

教学目标	素质目标	1. 培养学生发现、观察与积累日常生活中美好事物的颜色的意识。 2. 培养学生对色彩美学的理解能力。 3. 培养学生的创新思维
	知识目标	1. 掌握室内配饰色彩的搭配原则。 2. 掌握色彩元素定位及色彩摆放技巧。 3. 了解色彩的心理感受
	能力目标	1. 具备运用家居配色的原则设计不同风格室内居室搭配的能力。 2. 具备运用相关软件、创新方法，对空间色彩进行反复思考、尝试的能力
教学内容	主要知识点与技能	运用居然设计家软件，制作家居配色方案
	教学重点	1. 家居配色遵循的原则。 2. 限制三种颜色的定义
	教学难点	运用居然设计家软件，针对不同风格进行色彩搭配

课前

课前导入	问题发布	答案区
观看微课“缤纷色彩”视频，使学生对空间色彩有一个感性认识	制作家居配色方案应注意什么?	

课中

情境引入

项目 1 讲解了色彩的基本知识、色彩的象征、色彩的联觉、色彩搭配设计的基本要求、色彩搭配设计的原则、色彩搭配设计的方法等，居然设计家软件平台中有许多现成的家居饰品，可以用居然设计家软件完成色彩摆放实战训练。

授课内容

通过居然设计家这款软件，完成色彩元素定位及色彩摆放实战项目训练，软件主界面如图 2.2.1 所示。

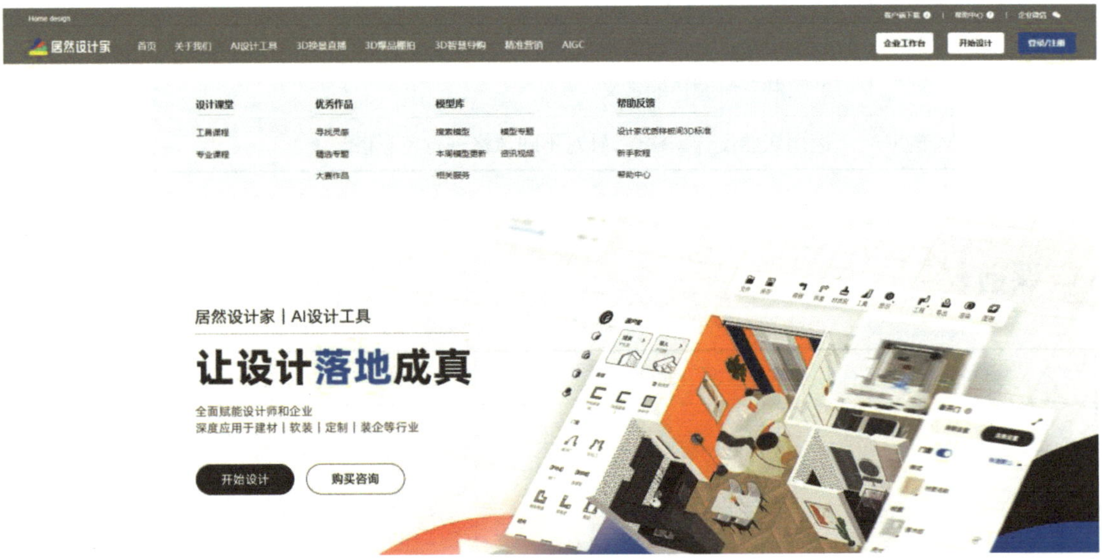

图 2.2.1　软件主界面

课堂训练内容：根据下列不同的风格，结合平台中已有房型，进行色彩搭配。

（1）现代风格，如图 2.2.2 所示。

（2）复古风格，如图 2.2.3 所示。

（3）乡土风格和自然风格，如图 2.2.4 所示。

（4）东方风格，如图 2.2.5 所示。

图 2.2.2　现代风格案例

图 2.2.3　复古风格案例

图 2.2.4　乡土风格和自然风格案例

图 2.2.5　东方风格

(5)后现代风格，如图 2.2.6 所示。

图 2.2.6　后现代风格

课后

课后问题	答案区
使用居然设计家软件制作软装配色方案一套	

模块 3　室内陈设设计配饰元素解析

项目 1　家具

教学目标	素质目标	1. 培养学生发现、观察与积累日常生活中美好事物的意识。 2. 加深学生对目前家居市场的了解及对不同家具内涵的理解。 3. 培养学生的创新思维和创造精神。 4. 通过讲解中国传统榫卯家具工艺，培养学生的劳动精神
	知识目标	1. 掌握室内家具的搭配原则。 2. 掌握室内家具的摆放技巧。 3. 了解目前的家居市场
	能力目标	1. 具备运用已学知识分辨现有家居市场的家具产品不同风格的能力。 2. 具备运用相关软件、创新方法，对现有家居市场的家具产品进行搭配的能力
教学内容	主要知识点与技能	分辨家具材料的能力
	教学重点	家具的材料
	教学难点	运用居然设计家软件，针对不同风格进行家具搭配

课前

课前导入	问题发布	答案区
观看微课“家具”视频，使学生对家具工艺有一个感性认识	1. 家具的种类有哪些？ 2. 家具在室内陈设中的作用是什么？	

课中

情境引入

家具是指人类维持正常生活、从事生产实践和开展社会活动必不可少的器具设施大类。家具也跟随时代的脚步不断发展创新，如今门类繁多，用料各异，品种齐全，用途不一，是建立工作生活空间的重要基础。

授课内容

一、家具在室内陈设中的作用

家具在室内陈设中的作用包括功能性作用、舒适性作用、装饰性作用和划分区域作用。

(一)功能性作用

功能性作用，即解决人体活动的坐、卧及储藏、承载的使用功能，如图 3.1.1 所示。

(二)舒适性作用

舒适性作用，即利用人体工程学相关数据指导家具产品的设计，提高家具产品的舒适性，创造出更加舒适的家居生活环境，如图 3.1.2 所示。

(三)装饰性作用

装饰性作用，即营造室内空间氛围和格调，满足人们审美方面的精神需求，如图 3.1.3 所示。

图 3.1.1 家具的功能性作用

图 3.1.2 家具的舒适性作用

图 3.1.3 家具的装饰性作用

(四)划分区域作用

划分区域作用具体包括组织空间作用、分割空间作用、填补空间作用、间接扩大空间作用、反映民族文化和地域风格作用，如图 3.1.4 所示。

二、家具的种类

(1)按照结构形式分：框架、板式拆装、弯曲木家具。

（2）按照体型形式分：单体、组合、整体家具。

（3）按照使用功能分：支撑人体活动的坐具、卧具，即椅、凳、沙发、床、榻；辅助人体活动，承载物体凭倚的家具，即桌、台、案、柜；储藏类家具，即橱、柜、架、箱。

三、家具的制作工艺和特点、品牌

（一）实木家具

1. 实木家具的相关概念

全实木家具是指所有木质零部件（镜子托板、压条除外）采用实木锯材或实木板材制作的家具；实木家具是指基材采用实木锯材或实木板材制作，表面没有覆面处理的家具，其余小零部件可以用其他人造材质；实木贴面家具是指基材采用实木锯材或实木板材制作，表面覆贴实木单板或薄木（木皮）的家具，这种工艺既节约木材，也能降低成本。

实木家具能看清木材的天然纹理，偶尔会有节疤，里外为实木，寿命长，是板式家具的5倍以上，具有保值功能，经久耐用、承受压力强。

2. 实木家具使用的木料

实木家具使用的木料主要包括红木（花梨木、紫檀等）、红松、白松、桦木、三色桐、椴木、水曲柳、樟木、松木、榉木、桐木、柳木、橡胶木。

1）檀香紫檀（俗称小叶檀）

檀香紫檀是世界上最贵重的木料之一。

产地：南洋热带地区，东南亚地区，中国（广东、广西，少量）。

特点：切面橘红色，久则变成深紫色或黑紫色。

檀香紫檀家具案例如图3.1.5所示。

图3.1.4　家具的划分区域作用

图3.1.5　檀香紫檀家具案例

2)降香黄檀(俗称黄花梨)

产地:越南、老挝、缅甸、柬埔寨、中国(海南)。国外的降香黄檀均不如中国海南的色泽鲜艳。据传其木屑浸水饮用,可治疗高血压,故又称降压木。

特点:颜色由浅黄到紫赤,色彩鲜美,纹理清晰而有香味,是明式家具的风格代表,被称为"东方艺术明珠"。

降香黄檀家具案例如图 3.1.6 所示。

3)花梨木

产地:中国(广东、广西)、越南、老挝、海南。

特点:喜生于山谷阴湿之地,边材色淡,质略疏松,心材红褐色坚硬,纹理精美。

花梨木家具案例如图 3.1.7 所示。

图 3.1.6 降香黄檀家具案例

图 3.1.7 花梨木家具案例

4)铁犁木(又称铁力木、铁栗木)

产地:东印度、中国(广东、广西)。主要用于建筑,我国广东地区用其制作家具。

特点:质初黄,用之则黑,因其高大多用于制作大件器物,如明代的铁犁木翘头案,长达 3~4 m,宽 60~70 cm,颜色同鸡翅木相差无几。

铁犁木家具案例如图 3.1.8 所示。

5)鸡翅木

产地:非洲刚果、扎伊尔,南亚、东南亚地区及中国广东、广西、云南和福建。

特点:新者木质粗糙紫黑相间、纹理浑浊不清、僵直呆板、木丝容易翘裂起茬,老者肌理细腻、有紫褐色和深浅相间的蟹爪纹。

鸡翅木家具案例如图 3.1.9 所示。

6)酸枝木

酸枝木有黑酸枝、红酸枝、白酸枝。

产地:东南亚地区。

特点：在加工时会发出食用醋的味道，故名酸枝木。

酸枝木家具案例如图 3.1.10 所示。

图 3.1.8　铁犁木家具案例

图 3.1.9　鸡翅木家具案例

图 3.1.10　酸枝木家具案例

7）楠木

楠木有香楠、金丝楠、水楠。

产地：中国四川、云南、广西、湖北、湖南等地区。

特点：芳香，色赤者坚、白者脆，传说水不能浸，蚁不能穴。明代宫殿栋梁必用楠木。

楠木家具案例如图 3.1.11 所示。

图 3.1.11　楠木家具案例

8）影木

影木又称瘿木，泛指根部和树干生瘿瘤的树木，并非指某一树种。瘿木有多种，包括楠木影、桦木影、花梨木影等。因是树木生病所致所以数量相对稀少，分南影和北影，南方枫树影，北方榆树影。

影木木纹如图 3.1.12 所示。

9）黄杨木

黄杨是灌木或小乔木，树木较小，生长较慢。木材坚硬细密，是用于雕刻工艺的上等材料。

黄杨木木纹如图 3.1.13 所示。

图3.1.12 影木木纹

图3.1.13 黄杨木木纹

10)乌木

产地:中国海南、云南等地区。

特点:淡黄、雌雄同株、坚实如铁、老者纯黑、光亮如漆。

乌木家具案例如图3.1.14所示。

11)榆木

榆木与南方产的榉木有"北榆南榉"之称,多为民间使用,可以制作各种家具,常在表面油漆,流行于北方。

产地:中国华北以及东北地区。

特点:木性坚韧、弹性好、耐湿、耐腐、纹理通达清晰、硬度与强度适中,一般透雕、浮雕均能适应,刨面光滑,弦面花纹美丽。

榆木木纹如图3.1.15所示。

12)樟木

产地:中国江西南昌。

特点:木气浓烈、可驱避蚊虫,经常用于制作箱、匣、柜子等存贮用具。

樟木木纹如图3.1.16所示。

图3.1.14 乌木家具案例

图3.1.15 榆木木纹

图3.1.16 樟木木纹

13)楸木

产地:中国东北、俄罗斯等极其寒冷地域。

特点:纹理通直、花纹美观、质地坚韧致密、坚固耐用、绝缘性能好、耐水湿、耐腐、不易被虫蛀,加工容易、切面光滑。楸木比胡桃木重量轻,色深,质松。

楸木家具案例如图 3.1.17 所示。

14)水曲柳

产地:中国东北以及华北地区。

特点:呈黄白色(边材)或褐色略黄(芯材),年轮明显但不均匀,木质结构粗,纹理直,花纹美丽,有光泽,硬度较大,弹性、韧性好,耐磨,耐湿,适合干燥气候。

水曲柳家具案例如图 3.1.18 所示。

15)榉木

榉木有红榉木和白榉木。

产地:中国江南地区。

特点:木质坚韧耐久,柔韧性好,少有死结及水线,纹理流畅、细腻清晰,色调柔和,富有光泽,分大山纹、小山纹。

榉木家具案例如图 3.1.19 所示。

图 3.1.17　楸木家具案例

图 3.1.18　水曲柳家具案例

图 3.1.19　榉木家具案例

16)桦木

产地:中国东部。

特点:木质坚硬、密度大、弹性较好、色泽缤纷,较难一致,自然光泽好,在不同的光照下会产生不同的效果和视觉感,吸湿性大,容易干裂翘曲。

桦木家具案例如图 3.1.20 所示。

图 3.1.20 桦木家具案例

17）樱桃木

樱桃木被誉为“木中瑰宝”。

产地：美国。

特点：木质坚硬，组织均匀细腻，纹理清晰、有光，富有浪漫气息，造出的家具高档、精细。

樱桃木家具案例如图 3.1.21 所示。

18）胡桃木

胡桃木被誉为“硬木贵族”。

产地：北美和欧洲、东南亚。

特点：边材是乳白色，芯材从浅棕到深巧克力色，偶尔有紫色和较暗条纹；树纹一般是直的，有时有浪形或卷曲树纹，形成赏心悦目的装饰图案。

胡桃木家具案例如图 3.1.22 所示。

图 3.1.21 樱桃木家具案例

19）橡木

橡木与橡胶木是不同的。

产地：位于南纬 10° 到北纬 15° 之间的热带地区。

特点：质重且硬，色泽淡雅，纹理美观，力学强度相当高，耐磨损，木材不易干燥、锯解和切削，具有比较鲜明的山形木纹，予人威严而个性鲜明的感觉。

橡木家具案例如图 3.1.23 所示。

图 3.1.22 胡桃木家具案例

图 3.1.23 橡木家具案例

20)橡胶木

橡胶木是世界上用途最广泛的轻质硬木之一。

产地:东南亚国家。

特点:颜色呈浅黄褐色,年轮明显,木质结构粗且均匀,纹理斜,木质较硬。

(二)板木家具

1. 板木家具的概念

板木家具是实木和人造板混用的家具。

2. 板木家具的优势

实木贴面的效果变化多,选择范围大、材质不易变形。(大面积和弧线部位通常用板材、收边柱类通常是实木)

3. 板木家具使用的主要实木材质

板木家具使用的主要实木材质包括橡胶木、橡木、楸木、胡桃木、桃花心木、樱桃木。

(三)板式家具

1. 板式家具的概念

板式家具是以中纤板、刨花板、三聚氰胺板等人造板为主要基材,以板件为基本结构拆装组合,全部经表面装饰的人造板材加五金件连接而成的家具,如图 3.1.24 所示。

2. 板式家具的优势

板式家具具有可拆卸、造型富于变化、外观时尚、不易变形、质量稳定、易维护等基本特征。

3. 板式家具使用的板材

板式家具使用的板材主要包括单板(图 3.1.25)、胶合板(夹板)(图 3.1.26)、中纤板(图 3.1.27)、刨花板(微粒板)(图 3.1.28)、三聚氰胺板(图 3.1.29)。

图 3.1.24　板式家具案例

图 3.1.25　单板

图 3.1.26　胶合板(夹板)

图 3.1.27 中纤板

图 3.1.28 刨花板（微粒板）

图 3.1.29 三聚氰胺板

（四）现代工艺家具

现代工艺家具的制作工艺：接订单（或新产品开发）→出打样三视图→车间打样→样品评审→按样绘制施工图→物控备料→图纸下发车间→开料组开毛料→热压组压木皮→开料组开精料（精裁）→实木封边→木工成型→封边组木皮封边→毛坯试装→产品评审→送油漆→第一次打磨→底漆→第二次打磨（精打磨）→面油→烘干→送装配→成品试装→包装→待发货。

四、家具中的人体工程学

（1）玄关柜：高度为 900~1 000 mm，宽度与长度匹配设计。

（2）餐桌：高度大于 780 mm；六人餐桌，圆形 ϕ1 200 mm，方形 1 800 mm × 900 mm；八人餐桌，圆形 ϕ1 400 mm，方形 1 000 mm × 2 200 mm。

（3）椅子：座面高度为 450 mm，软包鼓起最高点为 460~480 mm；扶手，座面向上 180~220 mm；靠背高度不小于 350 mm；座面径深一般在 450~500 mm。

（4）沙发：内径为 460~600 mm，长度为 1 500 mm（三人沙发最小），座面高度为 450 mm，软包鼓起最高点为 480 mm。

（5）电视柜：高度为 600~650 mm。

（6）沙发边几：高度与沙发扶手齐平，在 600~700 mm。

（7）茶几：与沙发座面高度一致，在 420~520 mm。

（8）床：床垫高度为 300~500 mm。

五、不同功能空间的家具

（1）柜类家具：大衣柜、小衣柜、斗柜、床头柜、书柜、文件柜、电视柜、酒柜、碗碟柜、餐边柜、陈列柜、装饰柜、角柜、矮柜、边柜、行李柜、多功能柜、储藏柜。

（2）桌类家具：餐桌（方桌、圆桌、折叠桌）、写字桌（书桌）、梳妆桌（梳妆台）、茶几（茶台、咖啡桌、圆几、方几）。

（3）坐具类家具：沙发（三人、二人、单人、转角）、沙发椅、休闲椅、扶手椅、圈椅、餐椅、靠背椅、躺椅、折叠椅、吧椅、写字椅（书椅）、床尾凳、墩。

（4）床类家具：双人床、单人床、双层床、床榻、儿童床、折叠床。

（5）箱、架类家具：床头箱、书架、书报架、花架、衣帽架、陈列架、屏风。

课后

课后问题	答案区
每位同学在市场调研的过程中拍摄1组家具饰品搭配优秀案例，写出对其优点的体会总结	

项目 2　布艺

教学目标	素质目标	1. 培养学生发现、观察与积累日常生活中美好事物的意识。 2. 加深学生对目前家居市场的了解及对不同布艺内涵的理解。 3. 培养学生的创新思维
	知识目标	1. 掌握室内布艺的搭配原则。 2. 掌握室内布艺的摆放技巧。 3. 了解目前的家居市场
	能力目标	1. 具备运用已学知识分辨现有家居市场的布艺产品不同风格的能力。 2. 具备运用相关软件、创新方法，对现有家居市场的布艺产品进行搭配的能力
教学内容	主要知识点与技能	布艺的制作种类
	教学重点	布艺的材质
	教学难点	运用居然设计家软件，针对不同风格进行布艺搭配

课前

课前导入	问题发布	答案区
观看微课“布艺”视频，使学生对家具工艺有一个感性认识	1. 布艺的种类有哪些？ 2. 布艺在室内陈设中的作用是什么？	

课中

情境引入

布艺配饰无处不在，与我们的生活息息相关，为我们的生活提供舒适，增添无数色彩。

授课内容

一、布艺的概念

布艺是指以布为原料的艺术，是古时中国民间工艺中的一朵瑰丽的奇葩。中国古代的民间布艺主要用于服装、鞋帽、床帐、挂包、背包、其他小件的装饰（如头巾、香袋、扇带、荷包、手帕等）和玩具等，是以布为原料，集民间剪纸、刺绣、制作等工艺为一体的综合艺术，如以动植物为装饰性的图案等，都是通过剪和绣的工艺制作而成的。

二、布艺的分类

根据布艺的功能用途、空间、设计特点、加工工艺等，有许多分类方法。然而，无论用于制造织物产品的材料和加工技术如何，它们的用途都最为重要。织物产品的常见分类基于其功能用途和位置。

（一）现代分类

现代的布艺主要有餐厅类、厨房类、卫生间类、装饰与陈设类、垫子类、包装类、家具类。

（1）餐厅类：餐厅使用的一系列产品，包括桌布、餐垫、餐巾、餐巾杯、杯垫、椅套、坐垫、桌椅脚凳、餐巾纸套、咖啡窗帘、酒衣等。

（2）厨房类：厨房使用的一系列产品，包括围裙、袖套、厨房帽、隔热手套、隔热垫、隔热手柄套、微波炉盖、电饭锅盖、冰箱盖、厨房窗帘、便当袋、保鲜袋、擦手巾、茶巾等。

（3）卫生间类：用于卫生间的系列产品，包括卫生（马桶）坐垫、卫生（马桶）盖套、卫生（马桶）地垫、卫生卷纸套、毛巾挂、毛巾、小方巾、浴巾、地巾、浴袍、浴帘、浴用挂袋等。

（4）装饰与陈设类：壁挂式邮信插、鞋插、门帘和装饰类壁挂等，平面陈列式有各种工艺篮、布艺相框、灯罩、杂志架、各种筒套等。

（5）垫子类：用于客厅和起居室以及其他休闲区域的各类坐垫，其配套的形式和设计手法不胜枚举。

（6）包装类：用于制作各种花式箱包、手提包、购物包等突显个性，还有用于装饰窗户起到对整个空间的画龙点睛作用，设计手法非常之多。

（7）家具类：布艺沙发等现代家具比较流行。

（二）古代分类

古代的布艺主要有绣花、挑花、贴花等。

（1）绣花：有很多手工艺技巧，针法包括铺针、平针、散针、打子，套扣、盘金，辫绣、锁绣等。根据地区和习俗分为不同的风格和流派。南方地区的织造和刺绣历史比北方悠久，技术更高，风格精致典雅；北方的针更粗，配色方案更明亮。

（2）挑花：又称十字绣，必须严格遵循织物的经纬图案，绣出等距离、等长的十字，并将其排列成不同的图案刺绣形状，具有独特而吉祥的几何图案装饰风格。刺绣不会损坏织物纤维，可以提高织物的耐磨性。使用这种工艺的手工艺品适用于服装、手帕、头巾、腰带、门帘、窗帘等实用物品，是刺绣中最早、最普遍的手工艺品。

（3）贴花：将不同颜色的小块织物连接起来，创造出不同图案的刺绣手法，又称“补花”。古代民间有给小孩穿“百家衣”的习俗，即从邻居那里收集各种彩色织物制作儿童服装，象征着数百户家庭的保护和安全。

思政园地：刺绣

缝纫和刺绣在中国民间文化中被称为“女红”。勤劳智慧的中国女性在缝纫和刺绣时注入情感，手工艺品风格细腻、精致、优雅，或者粗犷而勇敢，她们用鲜艳的色彩创造出无数织物作品。

“图必有意，意必吉祥。”中国民间织物经常使用象征性图形，如花、昆虫、鸟、植物等，表达作者的美好祝愿，寻求幸福，避免不幸。老年产品经常使用“幸福、财富和长寿”等主题来祝愿老年人健康长寿；儿童用品经常使用老虎和“五毒”（蝎子、蛇、蜈蚣、壁虎、蟾蜍）等图案来驱邪避邪，希望孩子们能像小虎一样强壮；新婚夫妇喜欢用鸳鸯戏水、荷花（莲花）生贵子、鲤鱼戏荷花（象征婚姻和谐）图案，希望有一个幸福的家庭和多子多福；女孩送给心上人一个爱情包、手帕等，通过蝴蝶的优美舞蹈或莲花图案的组合，表达其内心的秘密。

1. 刺绣的起源

中国刺绣创作于3 000多年前。传说在古代苏州，有一个聪明漂亮的女孩，她在婚礼前做嫁衣，在制作过程中不小心把衣领戳了个洞。她突然想到，如果用五颜六色的天鹅绒绣一朵小花，不仅盖住了洞，而且看起来特别漂亮，锦上添花。受此启发，聪明的苏州人从此开始穿绣花衣服。西汉刘向所撰的《说苑》记载，早在春秋时期，吴人就开始使用刺绣技术来美化他们的生活。三国时期，苏绣发展到了比较高的水平。

虞舜之时,已有绣花。东周已设官专司其职,至汉已有宫廷绣花。三国吴孙权使赵夫人绣山川地势军阵图,唐永贞元年(公元 805 年)卢眉娘以法华经七卷,绣于尺绢之上,因刺绣闻名,见于前者著录。自汉以来,刺绣逐渐成为一种罕见的艺术形式,著名的刺绣家也在艺术史上占有一席之地。

2. 刺绣的发展历史

流传至今的最早刺绣是在湖南长沙楚墓出土的两件战国时期的刺绣。它们完全是用编织缝合技术(即锁绣)在丝绸上刺绣而成,针脚干净,色彩搭配优雅,线条流畅。飞龙、舞凤、虎等吉祥兽的图案自然生动有力,充分展示了楚国刺绣的成就。敦煌千佛洞、内蒙古北部和新疆吐鲁番阿斯塔纳古墓都发现了汉代刺绣。特别是 1972 年,长沙马王堆出土了大量多样而完整的刺绣作品,这有助于进一步了解汉代的刺绣风格。从这些刺绣作品中可以看出,汉刺绣图案的主题主要是波浪云图案、飞禽走兽,以及汉镜图案中常见的带状图案和几何图案。当时刺绣的新基材是丝绸和锦缎等流行面料,编织成"延年益寿大宜子孙""长乐光明"等文字。该技术主要基于锁绣,它以紧凑的构图、干净的手工和极其平滑的线条填充图案。

在甘肃敦煌以及新疆和田、巴楚、吐鲁番发现了来自东晋和北朝的丝绸织物。刺绣作品的碎片,无论是有图案的还是留白的,都用细密的锁绣全部绣出,成为满地施绣的特色。发掘和传播的唐代刺绣与唐代宗教艺术密切相关。许多唐代的刺绣佛像,如大英博物馆在敦煌千佛洞发现的灵鹫山释迦说经图刺绣帐篷,日本奈良国立博物馆所藏释迦说法图等,都与当时对佛教隆盛的信仰,有直接关联。目前,刺绣技术仍沿用汉代锁绣,但针法已开始转向平面刺绣,采用不同的针法技术和彩色线。使用的刺绣基底不限于锦帛和平绢。刺绣中使用的图案与绘画密切相关,除了佛像和人物外,唐代绘画中的山、花、鸟也逐渐繁荣昌盛,于是佛像、山、亭子、花鸟也成了刺绣图案,构图鲜艳、色彩鲜艳。采用细腻的刺绣技术和不同的颜色、线、针,而不是用颜料作画,形成了一种特殊的艺术形式,这也是唐刺绣的独特风格。至于用金银线包裹在图案周围,以提高物体的三维感,可以看作是唐代刺绣的创新。

唐朝以前的刺绣主要出于实用和装饰目的,刺绣的内容与日常生活的需要和习俗有关。宋代刺绣不仅是一种实用的产品,而且致力于发展绣画。自晋唐以来,文学家和官员们对书法和绘画充满热情。书法和绘画是当时最高的艺术表现形式,到了宋朝,它们已经蔓延到丝绸刺绣上。书法和绘画风格直接影响刺绣风格。从宋代到清朝,刺绣和绘画必须密不可分。

宋朝刺绣的发展得益于当时朝廷的鼓励和推广。根据《宋史·职官志》的记载,宫廷刺绣学院负责刺绣。在宋徽宗统治时期,成立了一个专业的刺绣部门,将刺绣分为风景、亭子、人物和花鸟。这促进了著名的刺绣师的出现,他们将绘画发展到了相当高的水平。从实用到艺术欣赏,书法和绘画被引入刺绣中,形成独特的装饰刺绣。为了精致地描绘书法绘画,刺绣前需要仔细考虑情况。构图必须简化,选择空白图案非常重要,这与唐代无图案刺绣的做法完全不同。

台湾现存的元朝刺绣作品不多,只有一件作品。从这部作品可以看出,它继承了宋朝的遗风。元朝的人用了稍粗的绒,且落针稀疏,不像宋刺绣那样精致。

明代宣德年间染织工艺逐渐发达。顾绣起源于明嘉靖时期上海顾氏露香园,作为一个以刺绣为基础的家族传统,产生了许多名人。顾名世的第二个孙子顾寿潜和妻子韩希孟对六门艺术有着深刻的理解,远远超过唐宋刺绣的真传。模仿和刺绣古代和现代名人的书法和绘画,采用丝线切割和染色,有自己的秘传,所以可以染色写字。刺绣的山峦、人物、花鸟都很精致,称为露香园顾氏绣,又称刺绣画。

三、布艺的选择搭配

基调尺寸先敲定,铺设布艺要对比。面料的选择首先需要确定色调,这主要体现在颜色、质地和图案的选择上。在选择颜色时,首先要根据家具的颜色确定主色调,使整个客厅协调一致,颜色一致。此外,悬挂布艺的尺寸应准确,如窗帘、帷幔、壁挂等布艺配件,它们的面积和长度应与客厅的空间和悬挂的立面尺寸相对应。在颜色图案、风格等方面。还应注意与客厅的整体风格相匹配,首先要达到视觉平衡,给人留下良好的整体印象。

(1)布艺饰品的选择主要是色彩、质地、图案的选择。进行色彩的选择时,要结合家具的色彩确定一个主色调,使居室整体的色彩、美感协调一致。恰到好处的布艺装饰能为家居增色,胡乱堆放则会适得其反。

(2)织物的选择主要取决于颜色、纹理和图案的选择。在选择颜色时,必须结合家具的颜色来确定基调,以便客厅的整体颜色和美学协调一致。正确的织物装饰可以为房子增添颜色,而随机堆放可能会产生相反的效果。

(3)对于窗帘、帷幔和壁挂等悬挂织物,应考虑其垂直和水平尺寸、颜色、图案、风格等。与客厅的空间和立面比例相对应,在视觉上达到平衡。对于较大的窗户,应使用开口宽、长度接近地板或落地的窗帘进行装饰;在狭小的空间内,有必要将其与小图案的织物相结合。只有在大房间里,才能选择大图案的面料,以避免不平衡。

(4)床上织物一般选择纯棉材质的布料,柔软舒服,且吸汗,很容易创造睡眠的氛围。除了强调材料的选择外,还应努力选择色调和图案。对于较小的卧室空间,建议使用带有天然和创意色彩的条纹织物,这将有扩大卧室空间的效果;明亮的家具应采用浅粉色和粉绿色等优雅的花卉织物制成;对于深色家具,深绿色和深蓝色等颜色是很好的选择。

(5)地毯、桌布、床罩等织物装饰品,应与室内地面和家具的尺寸相协调,保持地面和床的稳定性。地面的颜色应该稍微深一些,桌布和床罩应该反映出与地面在大小和颜色上的对比。应使用颜色和亮度低于地面的图案,以实现对比的和谐。

（6）在客厅的整体布局中，布艺装饰也必须与其他装饰相补充和协调。颜色、风格和意义的表达必须与室内风格相匹配。色彩丰富，图案复杂的布艺装饰具有强烈的表现力，但难以搭配，适合奢华的空间风格；明亮的面料与明亮的色调或简单的图案可以补充现代空间。在中国古典风格的内饰中，最好使用带有传统中国图案的织物作为背景。

四、流行趋势

布艺的选择强调融入整个生活方式。整体家居布艺已成为一大趋势，许多制造商引入了“整体家居设计”的概念，将面料从窗帘、床单和坐垫等简单产品扩展到完整系列。从沙发、桌布、床罩到窗帘，它们都可以在一个地方购买，能更好地呈现生活风格，创造个性化和谐的组合。精致的灯光，结合面料的特殊光泽和质感，给人带来温暖的家居体验。

（一）清新自然主义

清新自然主义一直是家居装饰的流行趋势，强调了从城市到乡村的宁静舒适。因此，田园风格也是织物艺术的主要趋势。田园风格主要来自自然元素，最典型的是花卉和格子图案。无论是大而精致的花朵，角落里偶然装饰的一两朵大花，还是干净的格子图案，它们都很受欢迎。

然而，田园风格的色彩并不是丰富多彩的，也没有太饱和或强烈的颜色。相反，它更倾向于天然的新鲜颜色，如粉色、粉紫色、粉绿色、粉蓝色、橙色、白色等，这一切都有一种自然的浪漫情绪。

（二）抽象唯美

充满东方意境的民族元素在国际展览中大放异彩，在面料设计中更加凝练。以前写实的中国元素变得抽象，但它们仍然可以让观众感受到传统的美感。图案不像以前那样专注于复杂的线条，而是强调颜色使用中的特殊层次和立体感。颜色也更浅，更现代，既具有历史传承的痕迹，也是一种流行的生活方式，为中国传统风格的织物的发展提供了充足的空间。同时，中国传统面料仍然可以取得良好的效果，甚至可以作为现代风格房屋的装饰和点缀。

（三）简单奢华

为顺应都市生活方式由外在向内涵的转变，简约主义盛行，追求更闲适的生活态度，出现了一种简约的奢华风格。

尽管使用了高品质的材料和卓越的工艺，但装饰不会沉重或压抑，给人一种轻松，平静和自由移动的感觉。例如，多层织物装饰将通过比较材料找到平衡，避免过于复杂的纹理和装饰，使形状线条更加光滑和大气。甚至一幅纯色的布上只用几朵简单的花朵装饰，但是花朵选用特别的材质和色彩，立体感很强，依然能展现出华丽的感觉。

课后

课后问题	答案区
每位同学在市场调研的过程中拍摄 1 组布艺饰品搭配优秀案例,并对其进行分析	

项目3　饰品

<table>
<tr><td rowspan="3">教学目标</td><td>素质目标</td><td>1. 培养学生发现、观察与积累日常生活中美好事物的意识。
2. 加深学生对目前家居市场的了解及对不同饰品内涵的理解。
3. 培养学生的创新思维。
4. 培养学生传承中华优秀传统文化的意识</td></tr>
<tr><td>知识目标</td><td>1. 掌握室内饰品的搭配原则。
2. 掌握室内饰品的摆放技巧。
3. 了解目前的家居市场</td></tr>
<tr><td>能力目标</td><td>1. 具备运用已学知识分辨现有家居市场的饰品产品不同风格的能力。
2. 具备运用相关软件、创新方法，对现有家居市场的饰品产品进行搭配的能力</td></tr>
<tr><td rowspan="3">教学内容</td><td>主要知识点与技能</td><td>饰品的种类和制作工艺</td></tr>
<tr><td>教学重点</td><td>饰品的种类</td></tr>
<tr><td>教学难点</td><td>运用居然设计家软件，针对不同风格进行饰品搭配</td></tr>
</table>

课前

课前导入	问题发布	答案区
观看微课“衍纸画”视频，使学生对家具工艺有一个感性认识	1. 饰品的种类有哪些？ 2. 饰品在室内陈设中的作用是什么？	

课中

情境引入

家居饰品存在于我们生活的各个角落，影响着我们的生活，除了可以装点家居外，还有着不同寓意，代表着不同内涵。

授课内容

一、艺术陈设品

在陈设设计中，艺术陈设品是指具有美化功能、能够满足人们审美需求和精神需求的装饰元素。

（一）艺术陈设品的商业性质

如果将艺术陈设品（图 3.3.1）作为商品来分析，更多的艺术陈设品不存在一般商品所具备的“工具性”，其价值体现在精神需求与文化上。艺术陈设品创作是一个具有主观性及创造性等特点的行为，使艺术陈设器有别于一般批量生产的商品，在创作过程和创作时间的掌控上，艺术陈设品的形成也具有很强的不可预知性，即偶然的艺术效果。因此，从某些角度上说艺术陈设品是一种非计划性产物，从商品角度上来说这种“非计划性所带来的不可复得的效果”恰恰又造成了它有别于一般商品的价值。

1. 常见艺术陈设品的种类

1）陶艺工艺品

陶艺（图 3.3.2）是一种新兴的陶瓷艺术，其内涵不再是传统的“陶瓷艺术”概念。它是一种新型的陶瓷艺术，将现代艺术中的现代主义艺术思想和创作方法融入陶瓷艺术，突破了传统的生产观念，释放了作者的想象力和创造力。

2）瓷器

瓷器（图 3.3.3）由瓷石、高岭土、石英石、莫来石等烧制而成，其表面覆盖着玻璃珐琅或油漆。瓷器的形成需要在 1 280~1 400 ℃的窑中烘烤。烧成的瓷器是不透水的，密度比普通陶瓷高。由于其低成本和耐磨性，它在世界各地很受欢迎，是展示世界文明的宝藏。

在当代陈设品设计中瓷器因其文化价值及独有的质感被人们广泛关注，除了实用功能之外，现今更多做工精良的工艺品瓷器被用来作为艺术品陈设。

瓷器装饰分为以下几类。

（1）胎装饰：印花、划花、刻花、堆贴、绞胎等。

（2）釉装饰：单色釉（青瓷、白瓷、黄瓷、蓝瓷、绿瓷等单一釉色的瓷器）、结晶釉（兔毫、油滴、铁锈斑、茶叶末等釉面装饰)、花色釉(窑变釉等)、纹片釉(釉面有裂纹)。

图 3.3.1　艺术陈设品

图 3.3.2　陶艺工艺品

(3)彩装饰:釉下彩(青花,釉里红等)、釉上彩(五彩、粉彩、珐琅彩、素三彩等)、釉下彩和釉上彩相结合(斗彩)。

Ⅰ. 当代瓷器陈设品

当代瓷器陈设品(图 3.3.4)不受传统瓷器制作工艺的限制,在造型、装饰及材料上进行大胆创新,成为符合当代审美的新瓷制工艺品。

图 3.3.3　瓷器

图 3.3.4　当代瓷器陈设品

Ⅰ)汉光瓷

汉光瓷(图 3.3.5)的工艺是中国于 1999 年研制出的制瓷工艺,烧制温度约在 1 400 ℃以下,吸水率为零,其特点是“白、透、润、纯”。汉光瓷的光泽度、透光度等均刷新了世界瓷器的纪录，甚至超越了世界公认的欧洲第一瓷“德国迈森瓷器”。截至目前，汉光瓷已获国家多项发明专利和400多项设计专利。

上海博物馆权威陶瓷专家汪庆正评价汉光瓷是“中国近代最好的瓷器”。

因为选料极其挑剔，制作过程严谨，所以汉光瓷一直处于试验性小规模生产阶段。

Ⅱ)骨质瓷

骨质瓷（图3.3.6）简称骨瓷，又名骨灰瓷，是以动物的骨炭、黏土、长石和石英为原料，经过高温素烧和低温釉烧两次烧制而成的一种瓷器。英国对于骨瓷有明确的规定，含百分之三十来自动物骨骼的磷酸三钙，且成品具有透光性，才可称为骨瓷。

Ⅱ.摆放贵重瓷器时的注意事项

（1）对于相对较小的瓷瓶，先用食指、中指、无名指伸入瓶口里面，大拇指按住外面瓶口，缓缓提起，然后立即用另一只手托住瓶底，移到身前，之后再进行移动。在持敞口、长颈的瓶时，切不可直接提瓶口或瓶颈，应用一手护住瓶底，一手护住瓶颈，小心拿放，如图3.3.7所示。

图3.3.5 汉光瓷

图3.3.6 骨质瓷

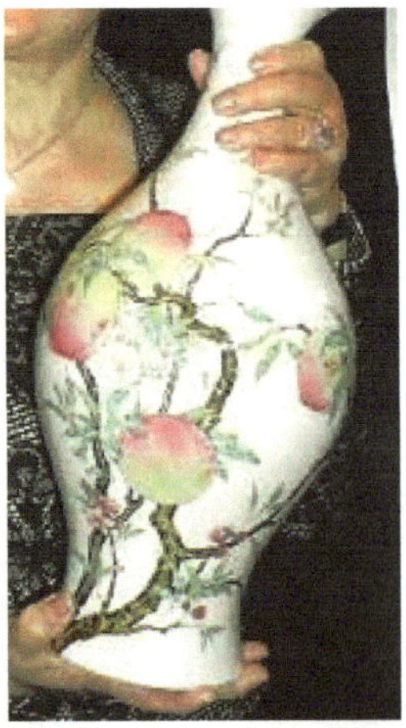

图3.3.7 持敞口、长颈的瓶

（2）在摆放瓷的大盘、大碗时，一定要双手捧住，忌单手持盘、碗的边沿，稍有不慎可能会导致盘、碗的断裂。在摆放比例相对较小的碗时，应先将食指、中指、无名指贴紧碗壁，大拇指伸进碗里，压住，慢慢提起，提起后立刻用另一只手托住碗底，之后再进行移动。

（3）在摆放带座、带盖的瓷器时，应将座、盖和主体单拿单放，不能连盖带座一起端起，以防止移动时脱落打碎，要把能分开的部分先取下。取下的盖、座先放到一个安全位置。

（4）在摆放瓷塑像或带有瓶耳的瓷瓶时，对于细节部分要格外小心，尤其是塑像须发和手指部分或瓷瓶的瓶耳。因该部分较为脆弱，极易损坏，忌单手提，应用一手护住瓷制品的上半部分（如瓶颈部分），一手托底座。

Ⅲ. 瓷器的日常保养

日常保养瓷器时可用柔软的毛笔（如羊毫毛笔）清扫瓷器上面的灰尘，用软毛刷刷瓷器的缝隙，清理之前一定要保证刷毛的洁净，刷时不可用力。因为陶器有吸水性，所以清理没有上釉的陶器时，切不可用水清洗，只可用毛刷轻轻拂拭。

3）漆器

漆器（图3.3.8）是以生漆为原料制作加工成的器物。生漆是从漆树采割的天然液体，其主要成分为漆酚、漆酶、树胶质及水分。作为一种涂料，它有耐潮、耐高温、耐腐蚀等性能，经特殊加工配以矿物质颜料便成为色漆，效果绚丽夺目。在我国，从河姆渡时期便已有成熟的制漆工艺。历经各个历史时期，中国的制漆工艺已发展到了相当高的水平。中国的描金、脱胎、剔红等工艺技法，对世界的制漆工艺都有相当长远的影响。

图3.3.8　漆器

漆器的保养与维护的注意事项如下。

（1）避免阳光暴晒、烟熏，室内的湿度和温度不宜变化太大，以防止漆器开裂或变形、脱漆。

（2）漆器不可接近潮湿的地面，日久易发霉脱漆。

（3）移动时应轻拿轻放，摆放时应远离尖锐的物体，还要避免剧烈的震动。

（4）清理灰尘时应用软毛帚和柔软的毛刷小心清理，忌用湿布擦拭。如果器物表面沾上污垢，可用棉纱布蘸少许菜油轻轻擦拭。

4）玻璃器皿

在陈设设计中，玻璃器皿（图3.3.9）不仅仅是日用器皿。经过工艺师的加工，玻璃呈现出变化多样的造型与缤纷绚丽的颜色。玻璃器皿的功能更是从简单的日用器皿逐渐转变成为昂贵的奢侈品及收藏品。

Ⅰ. 玻璃器皿的分类

玻璃器皿按照不同用途可大致分为壶、瓶、杯、碗、碟、缸等，按原料不同可分为铅晶玻璃器皿、高硼玻璃器皿、钠钙（也可称钙钠）玻璃器皿等。

图 3.3.9 玻璃器皿

Ⅰ)铅晶玻璃器皿

铅晶玻璃是一种类似于水晶的人造玻璃,含二氧化铅,手工加工程度较高,透光性好,壁薄,撞击声音悦耳,有金属感,手感较重,大多数器物表面没有花纹,用于制作比较高档的器皿。铅晶玻璃器皿如图 3.3.10 所示。在当前的世界上,仅有少数发达国家掌握此技术。铅晶玻璃氧化铅含量用 PBO 表示。根据氧化铅含量的高低分为高(24%PBO 以上),中(18%PBO),低(12%~16%PBO)三个档次。等级划分标准有点类似于黄金。因此,很多商家也会把高档水晶玻璃戏称为“24K”。

Ⅱ)高硼玻璃器皿

高硼玻璃因为在原料中加入了二氧化硼,降低了玻璃的膨胀系数,其成品具有较好的耐热性和传热性,被广泛应用于微波炉专用玻璃转盘、微波炉灯罩、舞台灯光反射杯、滚筒洗衣机观察窗、耐热茶壶茶杯等。高硼玻璃器皿如图 3.3.11 所示。

图 3.3.10 铅晶玻璃器皿

图 3.3.11 高硼玻璃器皿

Ⅲ)钠钙玻璃器皿

钠钙玻璃通透性较差,壁厚,器物表面多饰有花纹用来掩盖生产时所产生的气泡,级别较低的玻璃器皿因内含杂质,杯口会呈现蓝色或绿色,常用于平板玻璃、瓶、罐、灯泡等。钠钙玻璃器皿如图 3.3.12 所示。

图 3.3.12　钠钙玻璃器皿

Ⅱ.玻璃制品的价格差异

(1)因制作成分的不同,玻璃器皿的价格也会有差异。由于铅晶玻璃、高硼玻璃加入了氧化铅、氧化硼,成本增加,因此同样规格玻璃器皿的价格由从高到低的顺序是铅晶玻璃器皿、高硼玻璃器皿、钠钙玻璃器皿。

(2)工艺复杂的器皿较工艺简单的器皿价格要高,有复杂造型的玻璃器皿,手工加工程度较高,而类似于烟灰缸,一分钟可压制 100 个,相对价格偏低;有表面装饰的玻璃器皿相对直接成型包装的玻璃器皿价格高。

(3)同一质量的玻璃器皿,白色便宜,静色较白色贵,杂色较静色贵。

(4)知名品牌的玻璃器皿比一般品牌的贵。

(5)由于生产方式的不同,各国生产的同一质量的玻璃器皿,价格也会有差异。

Ⅲ.玻璃工艺品质量的鉴别

(1)具有高度的透明性、清晰度或鲜艳的颜色。

(2)均匀度越均匀越好、器皿的壁越薄越好。

(3)不允许有破坏外形的结石、气泡、条纹等缺陷以及尖锐和锋利的边缘。

图 3.3.13　琉璃

5)琉璃

琉璃(图 3.3.13),是一种人造水晶(含 24%的氧化铅),加入各种颜色,使用脱蜡法铸造而成。因其光洁如玉,流光溢彩,故而成为一种昂贵的收藏类工艺品。其工艺烦琐,大概需十多道工艺才可完成。

6)金属工艺品

常见的金属工艺品制作工艺如下。

(1)熔铸:金属经高温熔化后,直接浇铸成制品。

(2)錾凿:运用小的锤凿,在坯件表面凿出各式图案及浮雕。

(3)镶嵌:应用宝石、珍珠、贝壳等贵重材料,嵌于金属饰品上。

（4）点翠：用金属制成不同形状的底座，再把翠鸟背部的蓝色羽毛镶嵌于座上，常用于首饰器物。

（5）掐丝珐琅（图 3.3.14）：在金、铜胎上以金丝或铜丝掐出各种图案，之后填上各种色彩的珐琅釉料，包括焙烧、研磨、镀金等多道工序。

（6）鎏金：将金和水银合成金汞齐（金汞合金），涂在金属器表面，然后对器物进行加热，水银便随之蒸发，金就附着在器物表面而不会脱落。

（7）包金（银）：用机械碾压或高温熔接，将较薄的金（银）或金箔包在金属表面。

（8）花丝（图 3.3.15）：将金、银拉成细丝，再用堆、垒、编、织等技法编成辫股或网状焊于饰物之上。

图 3.3.14　掐丝珐琅

图 3.3.15　花丝

Ⅰ. 铜制工艺品的保养与维护

（1）铜制工艺品（图 3.3.16）须陈设于干燥的室内，远离潮湿的空间。

（2）避免与对铜制工艺品有害的化学物质接触，如酸类、油脂等。

（3）铜制工艺品摆放过一段时间之后，表层多少会暗淡一些，可以使用棉制或丝质的细布轻轻擦拭，达到抛光的效果。

（4）清洁铜制工艺品表面的尘土时，应用软毛刷清洁，切勿用力，忌用金属抛光剂、水、其他任何溶剂。

Ⅱ. 金器的保养与维护

金器（图 3.3.17）的保护通常指的是对金的合金进行保护，如在金中掺银、铜、铁等，鎏金的金器出现腐蚀的情况，则主要来自胎基的金属。

（1）纯金的金器一般无须保护，只需要注意避免挤压、碰撞。

（2）掺铜的金器易出现绿色的薄锈，可用酸类或氨水除锈。

（3）掺铁的金器易出现红锈，可用盐酸去锈。

（4）对于一些焊接过的器物，在焊缝处由于焊料含有金属铜，所以会出现铜的锈蚀现象，若不影响美观一般不用去除，它属于器物制作工艺的一个组成部分。

（5）由于纯金很软，在清除表面的灰尘时，要避免反复擦拭，最好是用软毛刷或者软羚皮拂拭。

（6）金器不需要特别的保存环境，室温下用软纸包裹后存放于囊盒之中即可。

图 3.3.16　铜制工艺品

图 3.3.17　金器

Ⅲ. 银器的保养与维护

（1）清洁银器（图 3.3.18）时，应用擦银布擦拭银器表面，忌用洗银水，因为洗银水具有腐蚀性，会使银器发黄。

（2）不可与其他金属（特别是黄金）陈设在一起，否则会发生同化现象，使银器的表面有其他金属色。

（3）忌重物挤压，银器较软，以免因撞击而变形。

（4）古银器的器表会有氯化银古斑色调，一般呈现灰色或褐色，如果刻意处理，反倒失去了古银器自身的艺术魅力。

（5）如果银器的色泽过于灰暗、图案模糊不清，须在不伤器物表面的情况下进行处理，用酒精混合几滴氨水，再用棉花蘸取擦拭，但要适度，如银器锈蚀过于严重，需请专业人士进行修复。

7）雕塑

雕塑是造型艺术的一种，又称雕刻，是雕、刻、塑三种创制方法的总称，指用各种可塑材料（如石膏、树脂、黏土等）或可雕、可刻的硬质材料（如木材、石头、金属、玉块、玛瑙、铝、玻璃钢、砂岩、铜等），创造出具有一定空间的可视、可触的艺术形象，借以反映社会生活、表达艺术家的审美感受、审美情感、审美理想的艺术。

雕塑按使用的材料可以分为木雕、石雕、骨雕、漆雕、贝雕(图 3.3.19)、根雕(图 3.3.20)、冰雕、泥塑、彩塑(图 3.3.21)、面塑、陶瓷雕塑(图 3.3.22)、石膏像等。

图 3.3.18　银器

图 3.3.19　贝雕

图 3.3.20　根雕

图 3.3.21　彩塑

图 3.3.22　陶瓷雕塑

2. 艺术陈设品的性质

1)文化性

艺术陈设品在室内空间应具备文化性,在一定程度上可以起到彰显户主文化品位及个人修养的作用。

2)观赏性

制作精良的艺术陈设品可在空间中起到很好的装饰作用,可以美化环境,愉悦观者的视觉感受。

3)意趣性

艺术陈设品的陈设需要具备一定的趣味,甚至可以传达出某种内在的含义,如在书房空间陈设一两件青花瓷器,寓意主人高洁清廉的品格。

3. 艺术陈设品的陈设原则

1)艺术陈设品的风格陈设原则

艺术陈设品的风格尽量与室内整体风格相统一,如采用与室内设计风格不同的艺术陈设品,须使艺术陈设品的形式及色彩与室内空间协调一致。

2)艺术陈设品的形式陈设原则

艺术陈设品应与室内空间形式相协调,如有意凸显艺术陈设品,也可以选择形式鲜明、个性突出的造型,使之成为室内的视觉焦点,起到点睛的作用。

3)艺术陈设品的色彩陈设原则

艺术陈设品的色彩与室内空间色彩可根据不同的需求选择不同的色彩搭配方式,如希望获得统一和谐的色彩效果,艺术陈设品的色彩不宜与整体空间色彩反差过大,应选择同类色或邻近色的搭配方式,如希望凸显出艺术陈设品,从而获得响亮强烈的色彩效果,则应选择对比色或互补色的搭配方式。

4)艺术陈设品的尺度和数量陈设原则

体积较大、造型较为复杂、色彩丰富的艺术陈设品,应少量陈设,数量不可过多,起到点缀空间效果的作用即可,否则便容易产生混乱拥挤的不良后果。

体积较小、造型较为简洁、色彩单一的艺术陈设品,可以以组合的方式陈设空间。

即便在一个较大空间当中,艺术陈设品的风格最好也不要超过三种,如果风格过多,便难以对空间的风格进行明确的定位。

4. 艺术陈设品摆放分类

1)艺术陈设品的庄重型陈设

艺术陈设品的庄重型陈设大多采取对称式的构图,或重复规则的摆放序列。例如公共展示场所的陈设,应规矩齐整,不应过分随意。

2)艺术陈设品的随意型陈设

比较私人的休闲空间大多摆放随意,工艺品应错落有致,尽量不要刻意,以免产生呆板单调的弊病。

3)艺术陈设品的简洁型陈设

有些空间因特殊要求不宜摆放太多的工艺品,则应选择造型简洁,数量较少的工艺品摆放,点缀空间即可,例如书房、卧室等空间。

二、画品

(一)油画

油画的维护及保养注意事项如下。

（1）在悬挂油画时，为避免潮湿空气浸入画布，可在松节油中放入天然蜂蜡，待溶解之后，均匀地在画布背面涂上两层，不可涂得太厚。

（2）油画不可长期暴露在阳光下，因为紫外线会对颜料层造成损害，导致颜料层褪色和变色。

（3）为防止灰尘、油烟对油画造成损坏，油画应远离浴室、厨房、洗手间。储存油画的屋子要注意通风和防潮。一旦油画受潮，务必要慢慢阴干，切忌在阳光下暴晒，否则颜料层容易脱落。

（4）切忌将两张画面对面存放，避免因气温升高使画面粘在一起，致使颜料层脱落。

（5）墙上挂的油画如果落上灰尘，可以用干净布轻轻地擦，忌用水擦，局部干擦即可。如果用专业的上光油为油画保养，在喷上光油之前，要用干净的布把画面擦干净。

（二）国画

国画（图 3.3.23）被视为中国传统绘画的主要表现手法。一般来说，国画仅使用水与墨通过浓淡变化来表现物象。但广义来说，也有色彩绚烂而丰富的彩墨画。水墨画技法多样，有浓墨、淡墨、干墨、湿墨、焦墨等表现技法。通过这种技法的交互作用，达到一种别具一格的韵味。

国画的维护及保养注意事项如下。

（1）对于悬挂的书画，每天用软帚（最好是马尾制成的）轻轻地掸拂画面，切不可用力，以免伤到画芯。不可大开窗门，以免风尘伤到画面。字画前可放置一张小案，案前只宜放置琴、砚等不会遮挡画面的陈设。潮湿闷热及过于寒冷的室内不宜挂字画。

（2）卷画时需小心谨慎，卷的过程要随时检验两端的裱边是否对齐，不可用力。存放字画的地方通风条件要好，需远离湿气。阴雨季节，需将画收存到小的木匣中。木匣以杉木制板，忌于板内涂漆或糊纸，以免画卷受潮发霉。木匣周围的缝隙应糊纸，不可透气，以防出现白色霉斑。

（3）定时选择晴朗的天气，将画卷展开通风，但不可直晒，之后小心收藏。

（三）漆画

漆画（图 3.3.24）是以天然漆为主要材料的绘画，更添以金、银、蛋壳、螺钿等为辅助材料。入漆颜料多以天然矿物质为主。其技法多样，变化多端。主要技法有刻漆、堆漆、剔漆、彩绘、磨漆等不同品种。

漆画的维护及保养注意事项如下。

（1）忌阳光直晒，室内温度应适中。如漆面有灰尘，应用干净的软帚轻轻拂拭，不可太过用力。

图 3.3.23　水墨画

图 3.3.24　漆画

（2）最好不要用布来擦拭，因为漆画大多光亮，如有灰尘，很容易划伤漆面。

（3）漆面如有划伤，用柔软干净的细棉布轻轻擦一遍蜡。如划痕过深，应找专业人士对面漆进行修补。一般情况下，补救工作比较烦琐，会将整个面漆用细砂纸打磨，重新上漆，再进行抛光。抛光之后最好耐心等待三到五天，待面漆干透后再进行悬挂。补救之后的漆画，颜色也许会有变化，因为漆膜的层次决定了漆画色调的深浅。

（四）版画

版画（图 3.3.25）的制作技法大致分四种，即凸、凹、平、漏四大版种。当代版画主要指由画家构思创作，并且通过制版印刷技术而创作的艺术作品，是以金属器或化学药品等在木、石、铜、锌等版面上雕刻或蚀刻后通过油墨或水墨在特制纸材上印刷出来的画品。

（五）摄影及其他

1. 画意摄影

画意摄影（图 3.3.26）主要指通过摄影技术呈现出“绘画美感”的摄影手法。其构图形式及色彩布置，都呈现出绘画般的效果。19 世纪末，英国摄影家雷兰德拍摄的作品《人生的两条路》，被视为“摄影新时代来临了”，同时也是画意摄影的里程碑。在当时，摄影还仅仅局限于一门技术而并非艺术，但这幅作品以独有的视角，被维多利亚女王予以极高的评价。从此，摄影也逐渐成为艺术家表现个人理念的重要表现方式之一。

图 3.3.25 版画

图 3.3.26 画意摄影

课后

课后问题	答案区
每位同学在市场调研的过程中拍摄 1 组饰品搭配优秀案例,并进行分析	

模块 4　饰品设计与制作

项目 1　中国结设计制作

教学目标	素质目标	1. 培养学生发现、观察与积累日常生活中美好事物的意识。 2. 加深学生对目前家居市场上中国结工艺流程的了解。 3. 培养学生的创新思维。 4. 通过讲好中国故事，提升学生内在素养
	知识目标	1. 掌握中国结的编织方法。 2. 掌握中国结与相关配饰的搭配方法。 3. 了解目前的家居市场
	能力目标	1. 具备运用已学的制作方法，制作中国结的能力。 2. 具备运用创新方法，对中国结进行设计的能力
教学内容	主要知识点与技能	1. 中国结。 2. 编织工具。 3. 编织方法。 4. 文化内涵
	教学重点	1. 中国结的由来。 2. 中国结的制作方法
	教学难点	1. 构思中国结的制作方案。 2. 运用工具制作中国结

课前

课前导入	问题发布	答案区
观看微课“中国结”视频，使学生对中国结的制作工艺有一个感性认识	1. 编织中国结的工具是什么？ 2. 中国结的制作工艺是什么？	

课中

情境引入

思政园地:中国结的工艺与寓意

中国结是中华传统手工艺的瑰宝。从工艺角度看,中国结由一根红线反复盘绕而成,象征着团结统一,每一个绳结的紧密交织,都体现着"诚信"与"敬业"的工匠精神,手工艺人通过严谨的编织,传递着对传统文化的坚守与创新。

中国结富有吉祥寓意,"盘长结"寓意永恒不断,"如意结"象征万事顺遂,"同心结"表达心心相印。这些传统符号通过现代设计得以转化,成为传播美好祝愿的载体。

在当代社会,中国结已从民间手工艺品升华为文化自信的象征。通过创新设计,中国结以新的艺术形式讲述中国故事,展现传统工艺与现代价值的完美融合。

授课内容

一、中国结的发展

中国结是中国独特的手工编织工艺品,其精致和智慧体现了中国古代文明。它最初代表着旧石器时代的缝纫和编织技术,后来扩展到汉代的仪式和记录,演变成现代装饰工艺。

中国结从头到尾都是用单线编织的,每个基本结都是以其形状和意义命名的。通过将不同的装饰物相互组合或与其他吉祥图案相结合,创造出形状独特、色彩丰富、寓意深刻、内涵丰富的中国传统吉祥装饰物。材料以红色的线为主,材质有很多,包括丝绸、棉花、亚麻、尼龙、混纺织物等,所有这些都可以用于编织。线的选择取决于要编织的结的类型,如果编织的结式与线的材料不搭,会影响到最终编织的效果。在编织的过程中,线不可以太软或者太硬,太软的线会使中国结不挺拔,太硬的线会使中国结难以定型。在选择线的颜色时,也要根据悬挂的地方和周围的颜色进行选择,比如在为传统家居室内搭配中国结时,可以选择一些较为含蓄的颜色,使整个空间看起来更有韵味。

中国人在很早以前就有通过结绳来记录事情的传统。在传统服饰上也经常会用到中国结,比如服装上、玉佩上、印纽和镜纽上、首饰上等。现在中国结应用的领域更为广泛,比如在室内装饰上、家居配饰上、日用物品上。

图 4.1.1　工具和材料

二、中国结的编织工具

中国结的编织工具和材料如图 4.1.1 所示。

三、中国结的编织方法

(一)双联结的编法

联,有连、合、持续不断之意。因双联结是以两个单结套连而成,因此得名双联。因联与连同音,因此在中国古代的吉祥语中,可隐喻为连中三元、连年有余、连科及第等。

双联结编织好后,小巧,且较为结实不宜松开,因此经常会被用到编织的开始和结束,有时也会用到项链的编织过程中。

双联结的编法如图 4.1.2 所示。

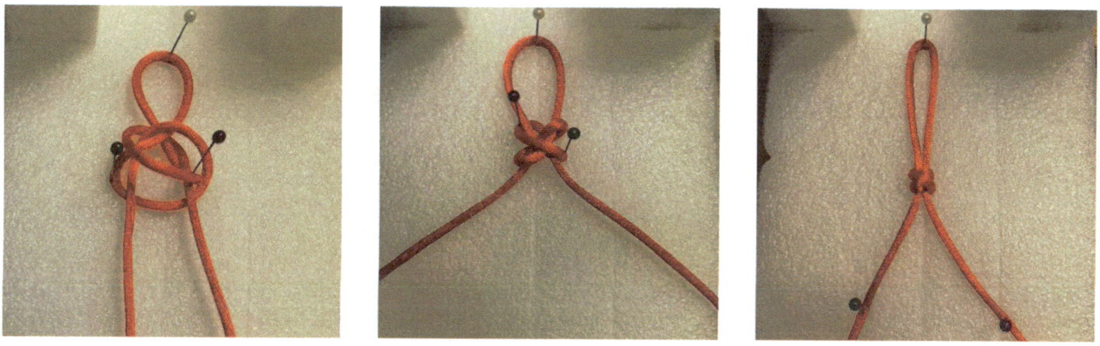

图 4.1.2　双联结的编法

(二)双钱结的编法

双钱结形似两个古钱币,故称其为双钱结,又被称为金钱结或双金线结,有好事成双的寓意,因在古时钱又称为泉,与全同音,因此也有双全的寓意。

双钱结因其造型美观,因此经常被用在项链和腰带等饰物的编织上。

双钱结的编法如图 4.1.3 所示。

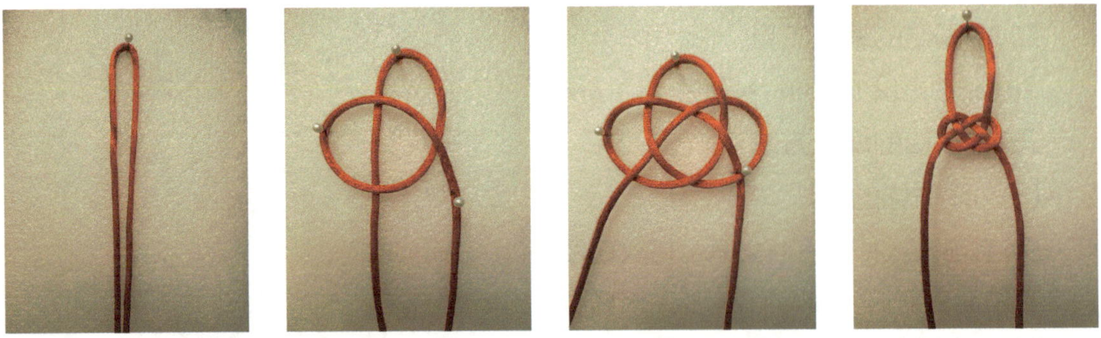

图 4.1.3　双钱结的编法

（三）万字结的编法

万字结的编法

万字结的编法
（动画）

万有数目众多的意思，原为梵文，在武则天长寿二年（693 年），被采用为汉字，有吉祥万福之意，寓意着万事如意、福寿绵长。

万字结的编法如图 4.1.4 所示。

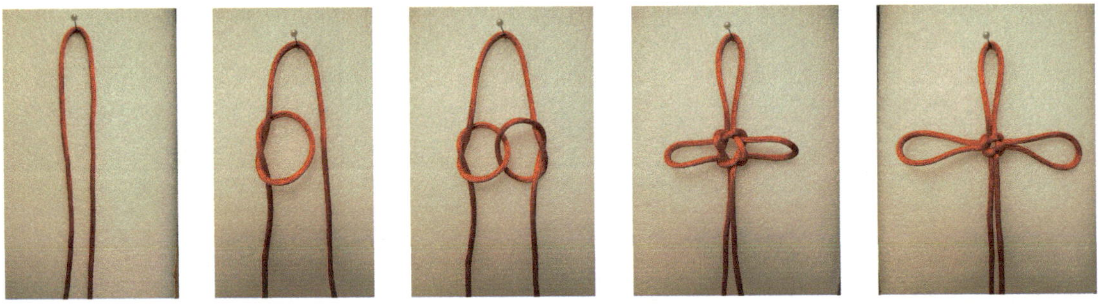

图 4.1.4　万字结的编法

（四）十字结的编法

十字结的编法

十字结因其编织完成后正面是十字形状而得名，因其背面是方形的，因此也被称为方结，有十全十美的寓意。

十字结的编法如图 4.1.5 所示。

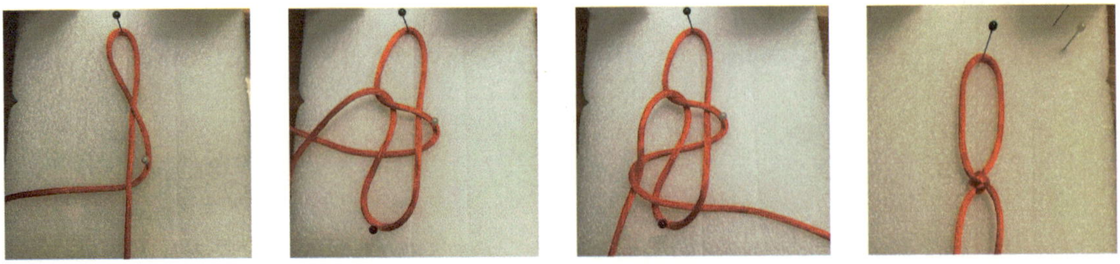

图 4.1.5　十字结的编法

（五）纽扣结的编法

纽扣结多用于中国古代的服饰当中，不仅具有实用功能，还起到装饰的作用。因其形状与钻石相近，故也被称为钻石结。将其与琵琶结组合在一起可形成美丽的盘扣。

纽扣结的编法如图 4.1.6 所示。

纽扣结的编法

纽扣结的编法（动画）

图 4.1.6　纽扣结的编法

（六）琵琶结的编法

琵琶结是在纽扣结的基础上进行编织的，因其造型与古乐器中的琵琶相类似而得名，琵琶与枇杷同音，枇杷被人们视为吉祥之果，因此琵琶结也有吉祥的寓意。其与纽扣结组合在一起可形成美丽的盘扣。

琵琶结的编法如图 4.1.7 所示。

图 4.1.7　琵琶结的编法

（七）吉祥结的编法

吉祥结因有七个耳翼，因此也被称为七圈结。吉祥结有美好、祥和、大吉大利、吉祥如意的寓意。如在其他结式中加上吉祥结，都有吉祥如意、平安康泰的寓意。

吉祥结的编法如图 4.1.8 所示。

（八）藻井结的编法

在中国古建筑中经常可以见到藻井，在敦煌壁画中尤为多见，其图案井然有序，装饰性强。藻井结因其中间的形状像井字而得名，是装饰结的一种，可用来编织项链、手镯、腰带等饰物，美观大方。

藻井结的编法如图 4.1.9 所示。

图 4.1.8 吉祥结的编法

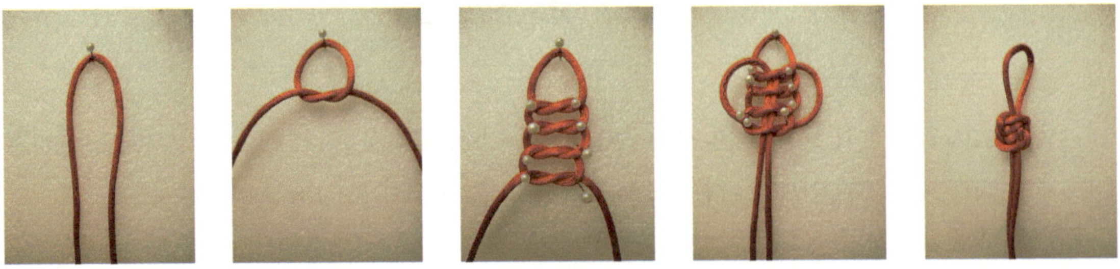

图 4.1.9 藻井结的编法

（九）盘长结的编法

盘长是佛门“八宝”中的第八品，代表八宝的全部，有连绵长久不断之意。

盘长结的编法如图 4.1.10 所示。

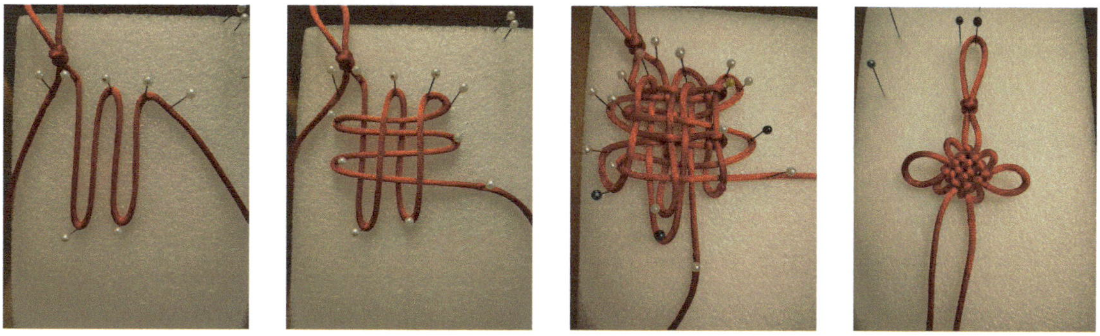

图 4.1.10　盘长结的编法

（十）同心结的编法

同心结因其两结相连而得名，有永结同心之意。

同心结的编法如图 4.1.11 所示。

（十一）草花结的编法

草花结可编 3~5 个花瓣，是一种流传较为久远的结式。

草花结的编法如图 4.1.12 所示。

同心结的编法（动画）

草花结的编法

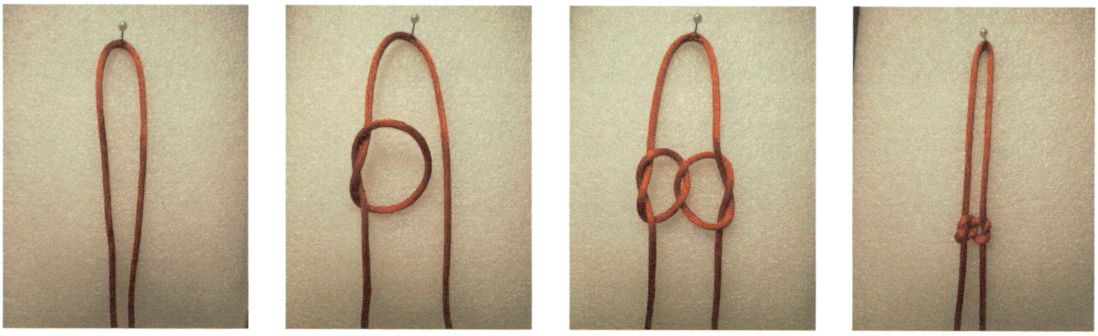

图 4.1.11　同心结的编法

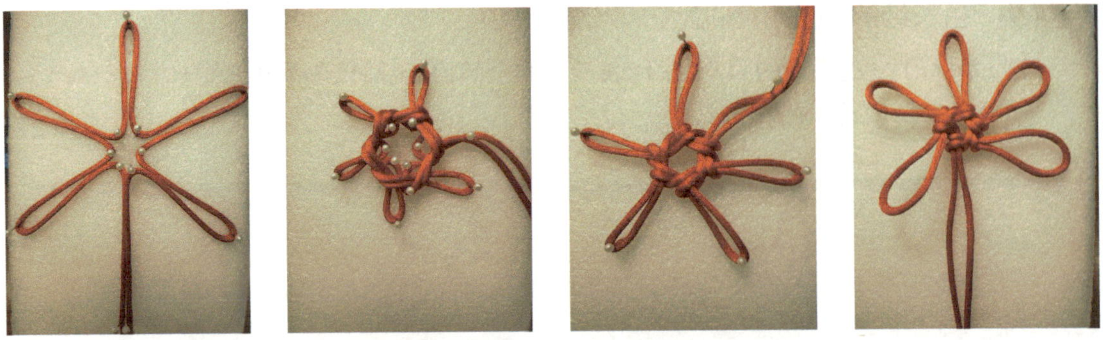

图 4.1.12 草花结的编法

(十二)云雀结的编法

云雀结的编织方法较为简单,经常会被用于编织饰物的外圈或编制壁挂等饰物。

云雀结的编法如图 4.1.13 所示。

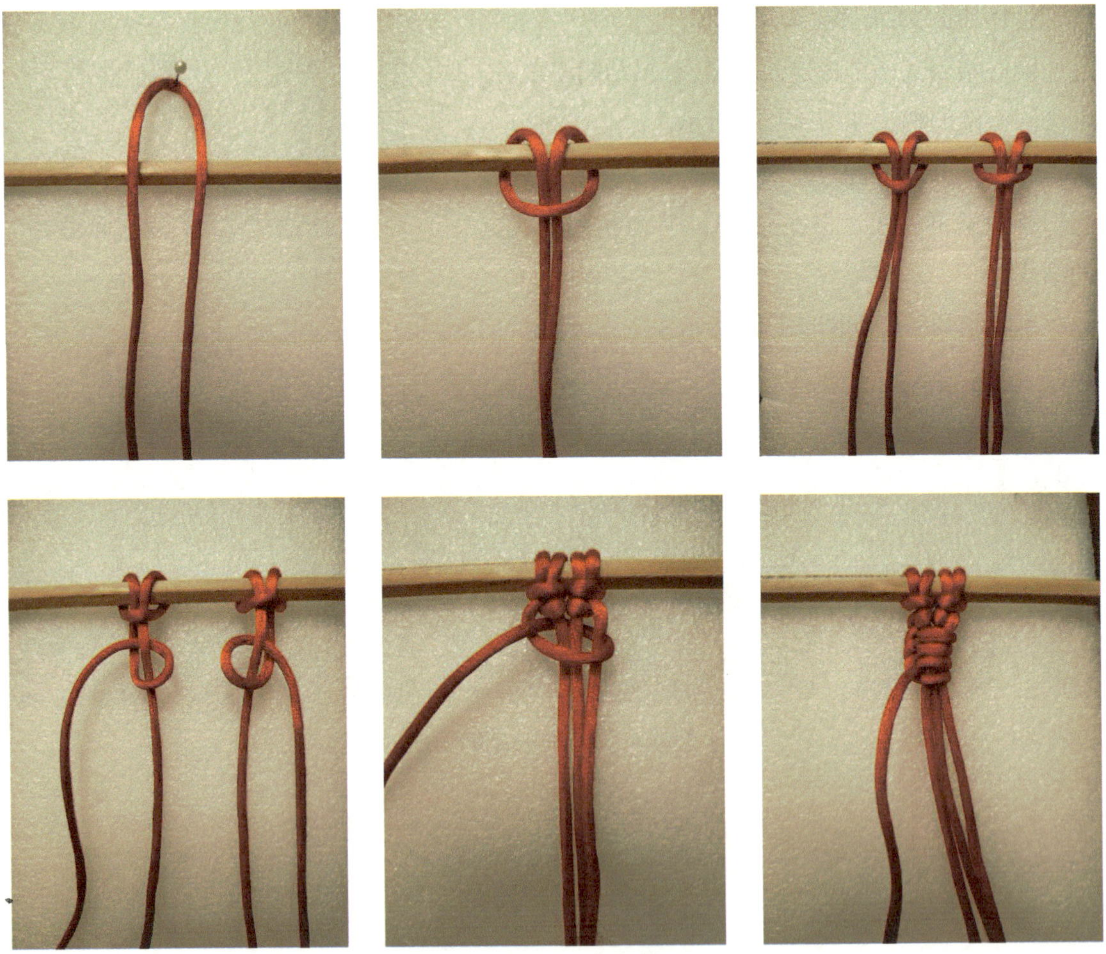

图 4.1.13 云雀结的编法

（十三）磬结的编法

磬既是一种打击乐器，也是一种吉祥物。磬结因其形状与磬类似，因此得名，因与庆同音，故有平安吉庆、吉庆有余的含义。

磬结的编法如图 4.1.14 所示。

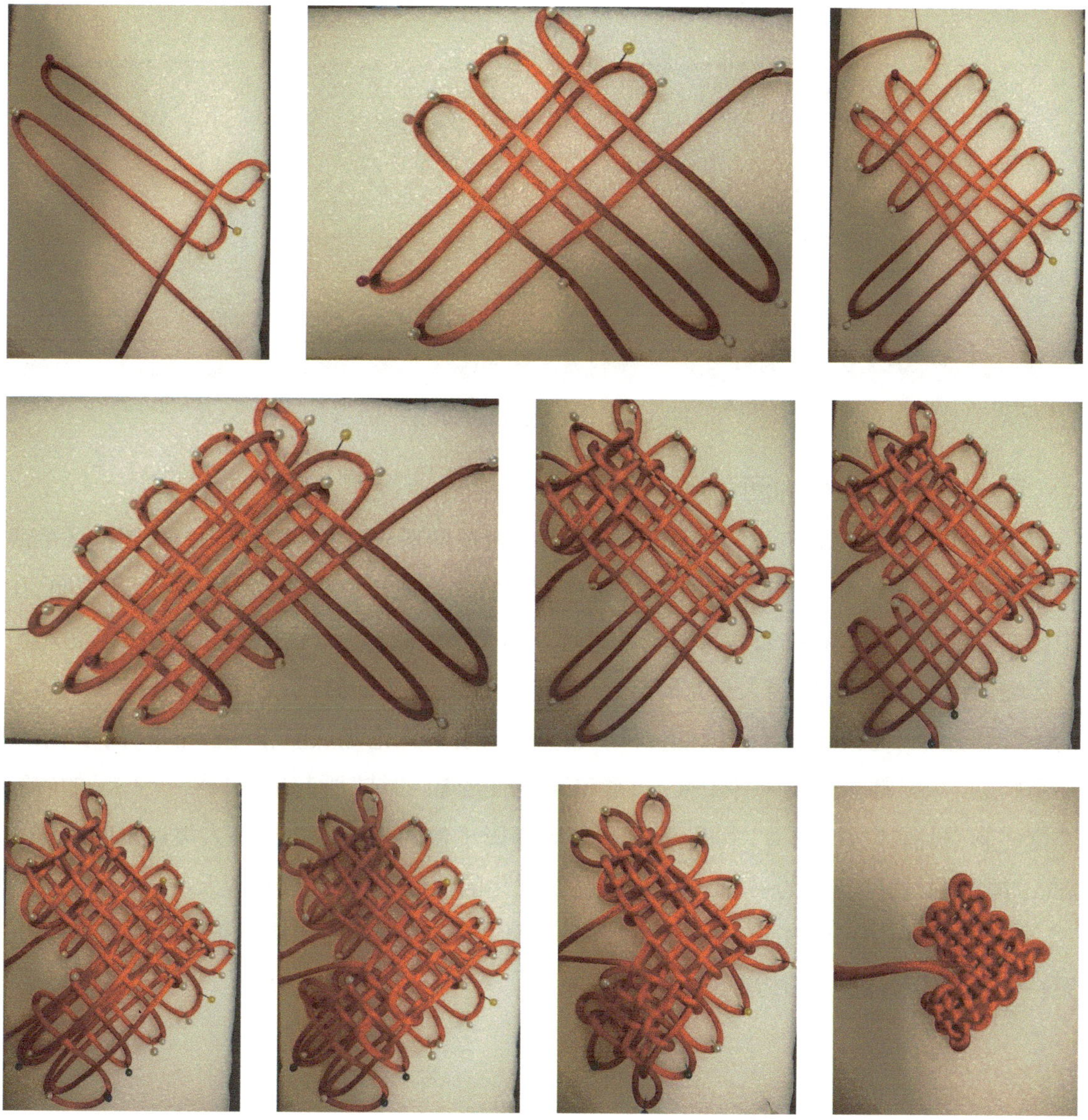

图 4.1.14　磬结的编法

（十四）蜻蜓结的编法

蜻蜓是昆虫的一种，由头、胸、腹三部分组成，编织蜻蜓结的方法有很多，在编织的过程中需注意躯干部分，前大尾小，这样才能体现出蜻蜓结的生动。

蜻蜓结的编法

蜻蜓结的编法如图 4.1.15 所示。

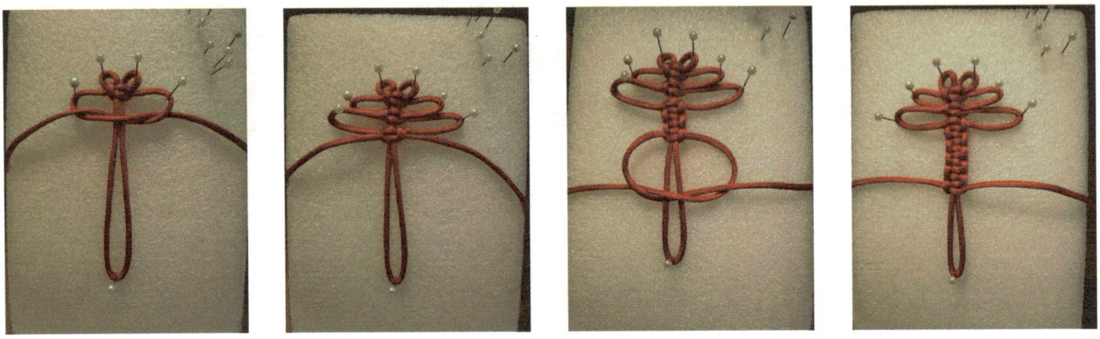

图 4.1.15　蜻蜓结的编法

四、中国结的文化内涵

中国结有着悠久的历史，甚至可以跨越人类发展的历史。长期的文化积累使中国结渗透着中华民族独特而纯粹的文化本质，拥有丰富的文化遗产。“绳”和“神”的谐音表明，在中国文化的形成阶段存在着古人对绳的崇拜。据文字记载：“女娲引绳在泥中，举以为人。”又因绳像盘曲的蛇龙，中国人是龙的传人，龙神的形象，在史前时代，是用绳结的变化来体现的。“结”这个字也是一个代表力量、和谐和情感的字。无论是联盟、友谊、纽带、团结、结果还是婚姻，“结”都会给人一种团聚、亲密和温暖的感觉。“结”听起来像“吉”。“吉”的内容丰富多彩，祝福、财富、长寿、幸福、安全和健康都属于吉的范畴。“吉”是人类追求的永恒主题。“绳结”是民间艺术的一种，也是中国传统文化的精髓，一直延续到今天。

中国结作为中国传统手工技艺中的一种，不仅是编织技艺的传承，同时也将我们与古人系在一起，将美好的祝福传递下去，传承未来。

课后

课后问题	答案区
每位同学设计、制作一个中国结	

项目 2　木艺台灯设计制作

教学目标	素质目标	1. 培养学生发现、观察与积累日常生活中美好事物的意识。 2. 培养学生对目前家居市场上木艺灯具工艺流程的了解。 3. 培养学生的创新思维和创造精神。
	知识目标	1. 掌握木艺灯具的制作方法。 2. 掌握木艺灯具的组合方式。 3. 了解目前的家居市场
	能力目标	1. 具备运用已学的制作方法,制作木艺灯具的能力。 2. 具备运用创新方法,对木艺台灯进行设计的能力
教学内容	主要知识点与技能	1. 精细木工。 2. 木艺台灯的制作方法
	教学重点	1. 灯的由来。 2. 木艺灯具的制作方法
	教学难点	1. 构思木艺灯具的设计方案。 2. 运用工具制作木艺灯具

课前

课前导入	问题发布	答案区
观看微课“木艺台灯”视频,使学生对木艺台灯的制作工艺有一个感性认识	1. 木艺台灯的制作工具是什么? 2. 木艺台灯的制作工艺是什么?	

课中

情境引入

观看微课“木艺台灯”视频，为学生介绍木艺台灯的制作流程、制作方法。

授课内容

一、精细木工

精细木工是木工中的一种，主要从事精细的木工工作，如材料精雕、工艺品雕刻等。一般选用质地细密坚韧、不易变形的树种如楠木、紫檀、樟木、柏木、银杏、沉香、红木、龙眼等，木雕有圆雕、浮雕、镂雕或几种技法并用，有的还涂色施彩用以保护木质和美化。

在中式传统木质窗户中，有一类直棂窗或横棂窗类型，其中的窗格就是以交错的木条依靠榫卯拼接构成各种图形或图案，组子的原型就源于那些木条，并且在其基础上进行了连接结构的简化和新的图案设计。汉唐时期，中式的窗户传入日本，日本的工匠在中式窗户的基础上，摸索和创新了一系列装饰性元素。通过窗格中小木条的不同花饰变化，产生了变化多样的小木条即组子片，这些变化多样的组子片在工匠的手里慢慢形成了富有日本特色又充满了汉唐记忆的独特技艺，这就是组子细工。

仅靠手工开榫的榫卯结构完成所有纹样拼接，看似简单，但实际上对材料的尺寸、角度精度要求非常高。非常锻炼制作者的耐心、定力。通过组子细工的制作，可以磨炼人的心志。

组子图案如图 4.2.1 所示。

(一)锯

锯时一面要注意线路走向，手持锯要稳，均匀用力，尽量不要扭曲。沿划线边缘走锯，留余地不吃线压线。

(二)刨

刨时不可犹豫不决，推刨时两胳臂必须伸直，刚健有力，不管木材多硬，必须像撼山一样，刨推到底，中途不得缓劲、手软。

(三)锉

向前运锉时，稍向下用力。向后运锉时，稍提起锉刀，使锉刀面和工件加工面脱离接触。向前运锉时左右手各自向下用力的大小，要以锉加在工件加工面上保持恒定的力量大小为准。

二、木艺台灯制作过程

因木材在加工过程中会产生一定的木屑飞尘，所以要求制作者穿戴个人防护装备（工作服帽、防尘口罩、护目镜、平底鞋等，如图 4.2.2 所示）。制作过程中应注意正确使用工具和相关设备，避免受伤。

步骤 1：学生组成设计制作小组（5~6 人），小组成员分工合作，在教师指导下完成设计方案中材料的备料加工、领取、制作。

注：微型台锯加工备料的程序由实训教师完成。

微型台锯如图 4.2.3 所示。

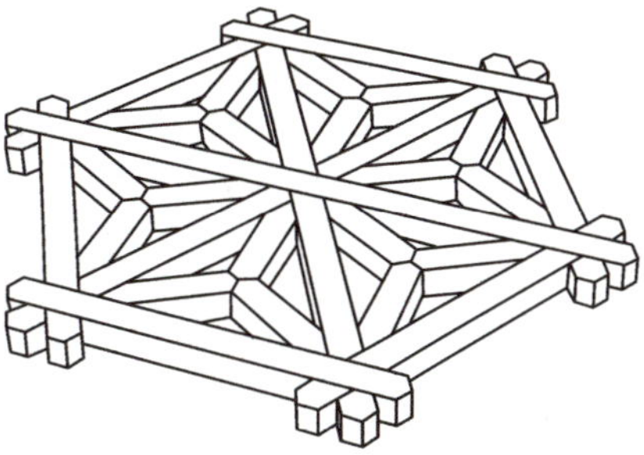

图 4.2.1　组子图案

图 4.2.2　防护装备

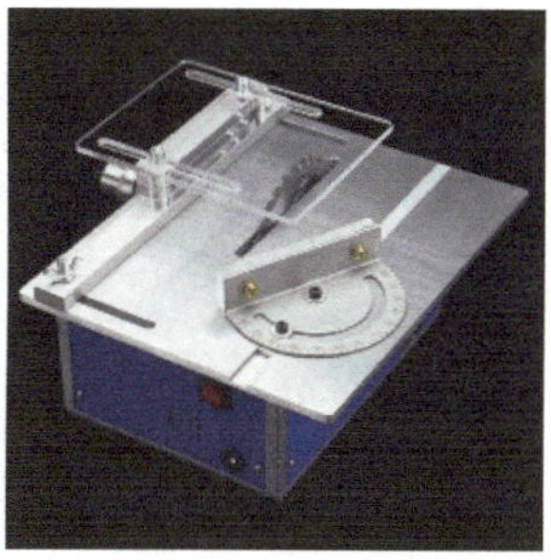

图 4.2.3　微型台锯

备料完成后的制作材料如图 4.2.4 所示。

步骤 2：学生根据加工图纸使用绘图铅笔、格尺、三角板对相应木条材料进行划线标记，如图 4.2.5 所示。

步骤 3：使用小型台钳夹持固定标记好的木条，用木工快速平板锯按标线进行裁切，再使用木工锉刀或小刨子修整结构，依次按标记尺寸切割好所需的木条工件，如图 4.2.6 所示。

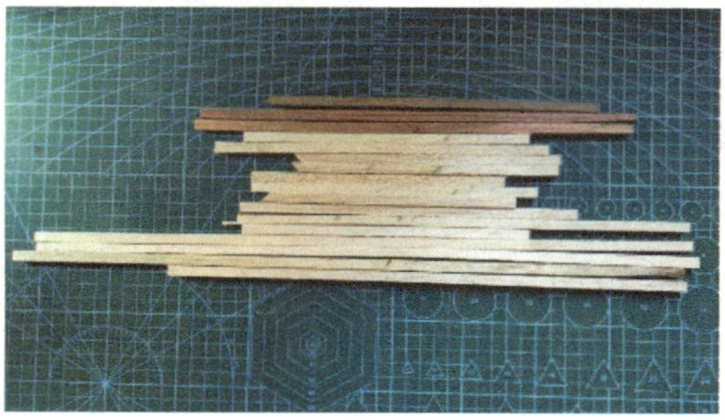

图 4.2.4　备料完成后的制作材料

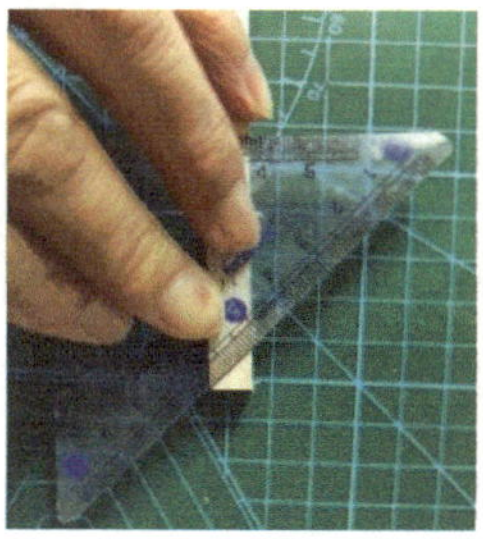

图 4.2.5　划线标记

图 4.2.6　刨削加工

步骤 4：使用木工胶水对裁切好的台灯框架木条进行粘接固定，如图 4.2.7 所示。

步骤 5：加工制作灯框架内衬隔挡板木条，依次用胶水将其粘贴固定到灯框架内侧，如图 4.2.8 所示。

图 4.2.7 粘接固定

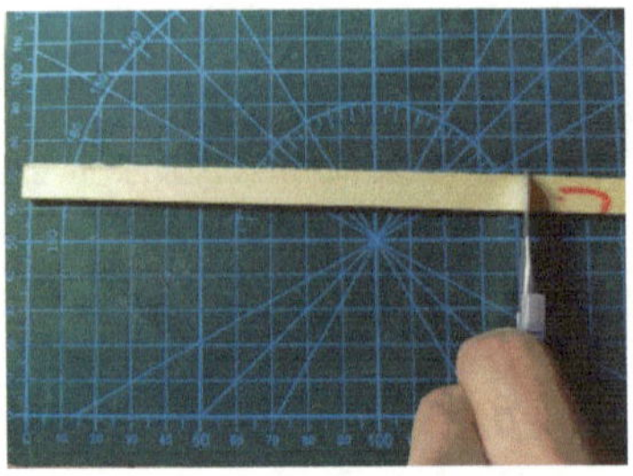

图 4.2.8 切割加工隔挡板木条

步骤 6:加工制作灯座固定夹板木条,如图 4.2.9 所示。

图 4.2.9 加工制作灯座固定夹板木条

步骤 7:加工制作灯纸面板框架,如图 4.2.10 所示。

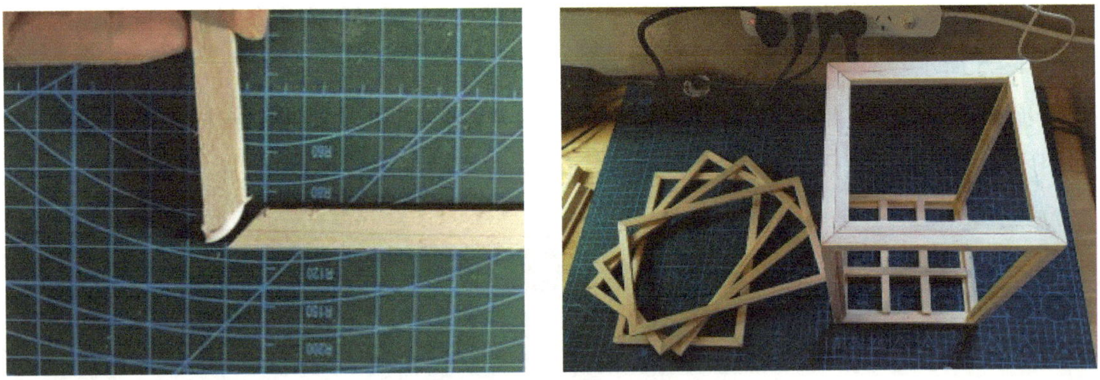

图 4.2.10 加工制作灯纸面板框架

步骤 8:加工制作灯框架支撑杆,将其用木工胶水粘接固定到木灯框架上,待组装的灯腿如图 4.2.11 所示。

步骤 9:将发光二极管(Light Emitting Diode, LED)灯泡和灯控线安装到灯座固定夹板木条内,待安装的灯头和灯泡如图 4.2.12 所示。

图 4.2.11　待组装的灯腿

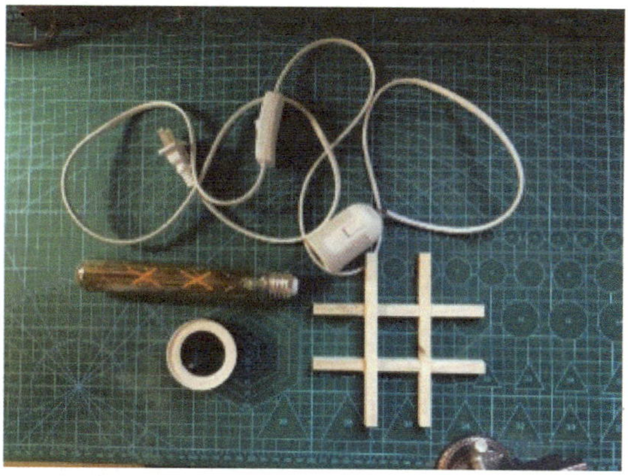

图 4.2.12　待安装的灯头和灯泡

步骤 10：使用热熔胶枪将裁切好的聚氯乙烯（Polyvinyl chloride，PVC）灯纸粘接固定到灯纸面板框架上，如图 4.2.13 所示。

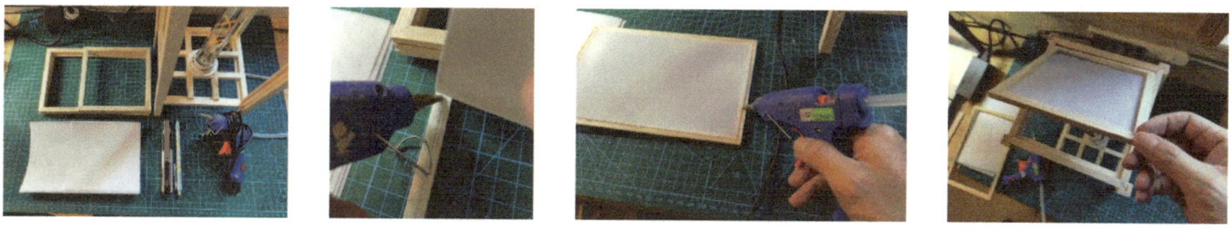

图 4.2.13　安装灯纸面板

步骤 11：灯光测试，如图 4.2.14 所示。

图 4.2.14　灯光测试

思政园地：榫卯工艺——诠释工匠精神

王震华前后耗时 5 年，不用一颗钉子，不用一管胶水，历经 10 万多道工序，使用共 7 108 个零件（最小零件仅有 2 mm），用全榫卯结构复刻了天坛祈年殿。

完成这项工程后,王震华声名大噪,被称为“上海木痴王”。

王震华埋头钻研鲁班榫卯技艺,源自几年前一段不愉快的经历。有一回,痴迷古建筑的王震华坐着车,兴冲冲地去参观一场展会。他听说展会邀请了一位很厉害的榫卯传人,被称为“现代鲁班”,他想利用这次机会,见识一下这位榫卯传人创作的微缩模型。

但当亲眼见到、亲手摸到模型时,他心里的兴奋劲儿立刻消失得无影无踪。他轻轻一摇,这件榫卯模型一动不动,他不解地询问对方,得到的回答却是“世界上没有不用胶水的模型啊”。

王震华自小在上海农村长大,隔壁住着一个木匠,他没事就跟在木匠背后捡刨花。中学毕业后,他在郊县开始学习古建修复,因为恐高终究没能坚持下去,但也是从那个时候起,他知道了什么叫榫卯,什么叫鲁班锁。某天晚上,师傅在做榫卯,两位师哥在房间里玩鲁班锁,但始终找不到打开的办法。在年轻的王震华看来,复杂的鲁班锁似乎有非同寻常的魔力,让他挪不开脚步。看得懂,吃得透,王震华的学习能力似乎是天赋异禀。趁着师哥们不在,他不到五分钟就解开了一个复杂的鲁班锁。至于榫卯,则被称为隐藏在两块木头中的有趣灵魂,凸为榫,凹为卯,无须钉子和胶水,两块木头就能实现“天衣无缝”的效果。

1986 年,王震华因为工作长时间待在北京,一有空就去古建筑群探访。用他自己的话说:“故宫的三大殿基本看完,等到看完祈年殿就不想走了。”祈年殿一共有 37 根柱子,外屋檐的 12 根代表 12 个时辰,一个时辰 2 个小时;第二圈的 12 根代表 12 个月,合起来代表二十四节气;加上 4 根金柱,就成了 28 个星宿;再加 8 根铜柱,就是 36 天庚;还剩下一根柱子,在宝顶里面。

开始上手复刻前,王震华确定了 1∶81 的缩小比例。根据他的设想,每件作品都要做到“零件不用编号,可以任意拆装”,这就要求每一种相同零件之间的尺寸不能有丝毫出入。因为现成的仪器达不到要求,他便自己动手重新改装了几台二手设备,将误差缩小到了 0.02 mm。仅仅关于刀的研究,就用了三年,从开始的 3 mm 到现在的 1.5 mm,他始终要求精益求精,甚至一次要做 2 000 个零件,做到第 1 800 个时刀磨断了,为了作品的完美,王震华毅然决然把前面零件全部报废。

三年时间里,王震华用便宜的二手钢刀,制作了 300 多把特制刀具,用处各不相同,有宽度 1.5 mm 的燕尾槽刀具,最细的刀头仅有 0.8 mm。

王震华就是用这些自制设备、二手钢刀,做出了误差在 0.01 mm 的高精度模型。高约 0.5 m,最大直径不超过 0.8 m,整整缩小到原尺寸的 1/81。

课后

课后问题	答案区
每位同学设计、制作一个木艺台灯	

项目 3　配饰元素合理化组合项目训练

教学目标	素质目标	1. 培养学生发现、观察与积累日常生活中美好事物的意识。 2. 培养学生对各种饰品艺术内涵的理解能力。 3. 培养学生的创新思维
	知识目标	1. 掌握室内家居陈设品的搭配原则。 2. 掌握室内家居陈设品的摆放技巧。 3. 掌握室内家居陈设品色彩的搭配原则
	能力目标	1. 具备运用家居陈设品的搭配原则设计不同风格室内居室搭配的能力。 2. 具备运用相关软件和创新方法，对空间陈设品进行反复思考、尝试的能力
教学内容	主要知识点与技能	1. 室内陈设配饰软件。 2. 产品信息采集。 3. 软装配饰元素合理化组合项目训练
	教学重点	1. 运用软件进行空间陈设品搭配设计。 2. 运用软件进行陈设品色彩搭配
	教学难点	运用软件，针对不同风格进行空间陈设品搭配

课前

课前导入	问题发布	答案区
观看软件操作步骤	1. 家居配色遵循的原则是什么？ 2. 家居陈设品遵循的搭配原则是什么？	

课中

情境引入

设计过程中可以用默认的房型图和导入的模型进行制作，并可以修改房型图。软件本身自带软装配饰，可生成效果图和 360° 全景图，并可参考清单，生成报价。在进行居住空间设计时，我们不仅要注重设计理念、空间布局等宏观层面的规划，还需要借助一些实用的工具和方法来将设计具象化、精细化，从而更好地呈现设计效果并把控成本。房型图是整个设计的基础。我们可以使用线框绘制房型图，这种方式简便、易学，能够快速准确地勾勒出房屋的结构和各个功能区域的布局，为后续的设计工作奠定坚实基础。确定了空间布局后，软装配饰的选择就显得尤为重要。软装配饰涵盖了家具、沙发、灯具、挂饰等诸多元素，这些丰富的配饰选项能够让我们根据设计风格和居住需求，灵活搭配，为居住空间增添个性与魅力。当房型图和软装配饰都确定下来后，效果图的生成就成为直观呈现设计成果的关键步骤。软件可自行生成效果图和 360° 全景图，这不仅能让居住者提前感受到未来家的模样，还能帮助设计师及时发现并调整设计中的不足之处，确保最终效果符合预期。预算是设计过程中不可忽视的一环，参考清单，生成报价，这有助于我们合理控制成本，确保设计在经济可行的范围内得以实现，让美好的居住空间设计从理想走向现实。

授课内容

（1）房型图：可以使用线框绘制房型图，简便、易学。

（2）软装配饰：可以使用自带的软装配饰——家具、沙发、灯具、挂饰等。

（3）效果图：可自行生成效果图和 360° 全景图。

（4）预算：可参考清单，生成报价。

一、办公空间

人性化设计的现代办公空间着重体现工作与生活的有机融合；个性化设计的现代办公空间的独特个性直接影响着每一位员工的行为举止。优化办公空间能提高员工归属感和幸福感，人性化体验是未来办公的重要核心。下面以办公室设计方案为例进行介绍，室内设计取决于建筑物的结构，强调其自然风光，应对区域进行适当的分区。

图 4.3.1 和图 4.3.2 是公共开放空间，被划分为多个区域，包括会议区、工作区、休息区。以白色、浅灰色为主色调，营造明亮、简洁、专业的办公氛围。白色墙面反射自然光线，使空间显得更加宽敞明亮；浅灰色地面与办公家具相呼应，增添稳重感。

图 4.3.1　公共开放空间——中庭

图 4.3.2　公共开放空间——走廊

一楼休息区（图 4.3.3）在选择家具时将自由随性理念贯穿始终，低矮的沙发组合，搭配散落在各个角落的艺术品与艺术装置，打破了传统空间的呆板。员工休息区（图 4.3.4）作为员工放松身心、交流思想的场所，提供休闲座椅、茶水吧台、咖啡机、微波炉等设施，员工可在此休息、享用茶点，进行非正式交流与提升团队凝聚力。

图 4.3.3　一楼休息区

图 4.3.4　员工休息区

图 4.3.5 和图 4.3.6 为开放式办公区，占办公区总面积的 60%。采用开放式布局，打破传统隔断，促进员工之间的沟通与交流。图 4.3.7 和图 4.3.8 所示的办公区根据部门职能继续进行划分，每个工位都配备符合人体工程学的办公椅和可调节高度的办公桌，确保员工在长

时间工作中的舒适度。工位之间保持适当间距,保障个人工作空间的私密性与专注度。采用自然采光与人工照明相结合的方式:窗户设计宽敞,最大化引入自然光线,营造明亮、舒适的办公环境;人工照明采用隐藏式 LED 灯带和可调节亮度的台灯,满足不同工作场景的照明需求,减少视觉疲劳。

图 4.3.5 开放式办公区 1

图 4.3.6 开放式办公区 2

图 4.3.7 办公区 1

图 4.3.8 办公区 2

卡座间 1(图 4.3.9)在面向大厅的地方布置了工作卡座和一张长桌——就像置身于图书馆中,适合安静和较小的工作小组在此办公,采用天然材料营造出了温暖舒适的氛围。

卡座间 2(图 4.3.10)在开放的公共区域打造了一张椭圆形长凳,作为一个多功能的聚集点,既可以作为内部使用的长凳,又可以作为对外的柜台。空间四周的落地窗突出了令人印象深刻的裸露的瓷砖。根据各区域的不同属性进行格局划分,以功能和个性界定,在增加空间的趣味性之外,又有着艺术性的承接,而彼此间又实现了自由、和谐的统一。

图 4.3.9　卡座间 1

图 4.3.10　卡座间 2

图 4.3.11 至图 4.3.14 开放式的餐厅和厨房，用餐时光回归到温情的本身，营造真实鲜活充满人居温度的空间。查阅设计资料，几本好书，一杯咖啡，静谧的休闲。

图 4.3.11　餐厅 1

图 4.3.12　餐厅 2

图 4.3.13　厨房 1

图 4.3.14　厨房 2

二、居住空间

（一）面积约为 57 m^2 的原木风公寓设计

本设计旨在为小户型居住空间打造一个温馨、自然、简约且功能齐全的原木风格家居环境，充分利用有限的空间，创造出既舒适又具有生活品质的居住氛围，让居住者在繁忙的都市生活中感受自然，享受宁静与惬意。

1. 客厅

选用低矮、小巧的布艺沙发，搭配简约的原木茶几，减少视觉上的压迫感。采用开放式布局，将客厅与餐厅、厨房空间相互连通，根据家具和推拉门的位置布局，避免建造隔墙。为狭窄的住宅带来一丝轻盈和宽敞。原木色为主色调，搭配米白色、浅灰色的沙发抱枕、地毯等，营造温馨、柔和的氛围。墙面采用淡雅的乳胶漆，与原木家具相得益彰，突出自然质朴的风格。省略电视墙，结合开放式的书房，节省空间，使客厅显得更加宽敞整洁。客厅往里，就是书房。当自然光线透过玻璃照射进来时，整个房间也变得自然通透，为整个空间覆上温暖明亮的舒适感。（图 4.3.15 和图 4.3.16）

2. 餐厅

餐厅与客厅相邻，共享同一空间，使整个公共区域更加开阔，餐桌紧靠厨房操作台，方便上菜与餐具的传递。选择圆形的原木餐桌，搭配简约的餐椅，可满足家庭聚餐与日常用餐需求。餐边柜采用嵌入式设计，与墙面融为一体，提供充足的餐具收纳空间，同时保持空间的整洁性。（图 4.3.17）

图 4.3.15　客厅

图 4.3.16　书房

3. 厨房

采用开放式半岛布局，根据厨房空间大小合理安排操作台、炉灶、水槽等位置，形成高效的工作三角区，提高烹饪效率。吊柜与地柜相结合，充分利用垂直空间，增加厨房的储物容量。橱柜选用原木色的实木板材或仿木纹的板材，搭配灰色的台面，清新自然。五金配件选择不锈钢材质，耐用且易于清洁。将冰箱、烤箱、微波炉等大型电器嵌入橱柜中，实现电器与橱柜的一体化设计，使厨房空间更加整洁、美观。对于小厨房，增大空间视觉效果能让使用者做饭时心情愉悦，常用的方法就是采用浅色系配色，比如白色、浅灰色、原木色，都能让厨房看起来更宽敞。厨房面积虽小，却也“五脏俱全”。洗涤区、烹饪区、操作区、贮藏区划分得很明确，轻松实现三角原则，紧凑却不拥挤。（图 4.3.18）

图 4.3.17　餐厅

图 4.3.18　厨房

4. 卫生间

由于卫生间比较小，所以选用大面积白色。此外，收纳也相当重要，洗手盆巨大的收纳柜及马桶上方的收纳架，可以将各种杂物都收纳进去，有效避免了卫生间长期使用后会造成的杂乱。（图 4.3.19）

5. 主卧

床头靠墙摆放，床尾留出足够的活动空间。衣柜采用到顶式设计，与墙面紧密贴合，避免顶部积灰，同时最大化利用空间。床头两侧设置小巧的原木床头柜，方便放置手机、书籍等物品。颜色以白色、米色等自然色调为主，营造舒适、宁静的睡眠环境。窗帘采用双层设计，内层为遮光布，外层为轻薄的纱帘，可根据需要调节光线与隐私。安装吸顶灯作为卧室的基础照明设施，同时在床头设置壁灯或台灯，为阅读和起夜提供柔和的光线。衣柜内部安装感应灯，方便取衣。（图 4.3.20 和图 4.3.21）

图 4.3.19　卫生间

图 4.3.20　主卧 1

图 4.3.21　主卧 2

（二）面积约为 100 m² 的侘寂风格家装空间

侘寂风格源自中国宋代的道教和佛教禅宗，其心灵状态则源自唐宋时期诗词与水墨画里的苍凉、极简氛围，后传入日本，深刻影响了日本文化。侘寂美学强调“诸行无常、诸法无我、涅槃寂静”的哲学观念，尤其是无常的概念，因此也被称为禅寂。其通过简约、质朴的设计手法，营造出一种静谧、宁静的居家氛围。侘寂风格强调自然、质朴、简洁的美感，以及时间的痕迹和岁月的沉淀。其玄关处采用悬空设计的门厅柜，方便存放杂物和鞋袜，提供一个温暖的港湾，让居住者在进入家门的瞬间卸去一天的疲惫。其地面采用与室内同色系的木地板或仿古砖，墙面设置一面全身镜，搭配复古风格的挂钩与装饰画，提升实用性与美观度。（图 4.3.22 和图 4.3.23）

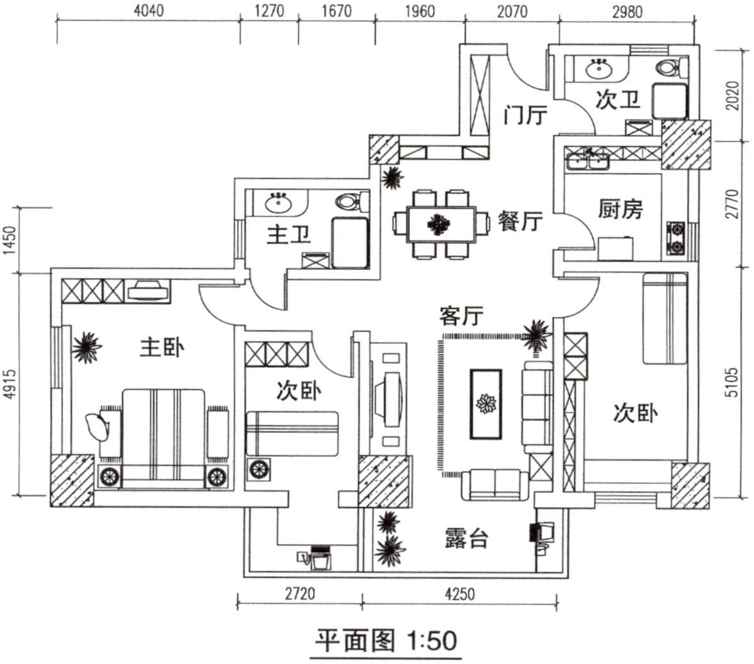

图 4.3.22　平面图

1. 客厅

客厅是一家人交流、娱乐、会客和进行艺术收藏的空间，可通过吊灯、筒灯、壁灯、落地灯等多种照明方式，营造出温馨而富有层次感的光影效果。沙发、茶几、吊顶、储物柜、电视墙等元素融入独具特色的弧形设计，提升视觉舒适度。选用灰色沙发，搭配橡木色的茶几，清新自然，为宁静的空间注入活力。沙发背景墙采用弧形设计，增添空间的流畅感。墙面采用米色、奶咖色等奶油色调，地面使用原木色的木地板，灰色地毯，增添空间的自然质感。吊顶选择弧形吊顶，避免复杂和烦琐的装饰，以增加空间的层次感。（图 4.3.24）

图 4.3.23　鸟瞰图

图 4.3.24　客厅

2. 餐厨

餐厨空间采用开放式设计，岛台承接餐厨，嵌入式冰箱、嵌入式微波炉与橱柜一体，便利又整洁。餐厅虽小，但设有餐岛台，顶部悬挂吊灯，为用餐区域增添柔和的灯光，营造出一种温馨和浪漫的氛围。餐椅选择木质椅，符合侘寂美学。整个空间的柜门全都是烤漆的，颜色都是奶咖色，和整个空间色调一致，展现出一种朴素而温暖的氛围。（图 4.3.25 和图 4.3.26）

图 4.3.25 餐厅

图 4.3.26 厨房

3. 主卧

卧室采用弧形吊顶、弧形面饰板，赋予空间流畅的线条感。多格开放式储物柜便于存取小物件，百叶窗前明亮日光与微黄暖光交相辉映，显现出光影的层次渐变。选择简约的木质家具，搭配柔和的床品与窗帘，营造出舒适、宁静的睡眠环境。床头背景墙采用弧形设计，增添空间的流畅感。墙面采用半墙设计，渲染黑色，与奶白空间形成鲜明的对比，并在视觉上形成一道独特又亮眼的装饰。地面延续原木地板，散发温暖又柔和的气息。（图 4.3.27）

图 4.3.27 主卧

4. 卫生间

卫生间采用三分离式设计，洗漱台结合梳妆台，满足多人使用需求；一体式卫生间，完美干湿分离；靠窗木质桌椅，简单实用；整墙衣帽柜，装下四季的浪漫。地面与墙面采用防滑、易清洁的瓷砖，颜色以浅灰色为主，搭配原木色的浴室柜，增添自然温馨的氛围。浴室柜采用悬挂式设计，底部留空，方便打扫，减少卫生死角。（图 4.3.28 和图 4.3.29）

图 4.3.28　卫生间 1

图 4.3.29　卫生间 2

（三）面积约为 200 m^2 的现代风格居住空间

现代风格强调空间的开阔性与舒适性，注重居住细节的打磨，旨在为居住者打造一个简约而不失精致的生活氛围。通过合理的空间布局、色彩搭配与材料选择，以及对功能性与家居系统的结合，创造出既美观又实用的理想居住空间。（图 4.3.30）

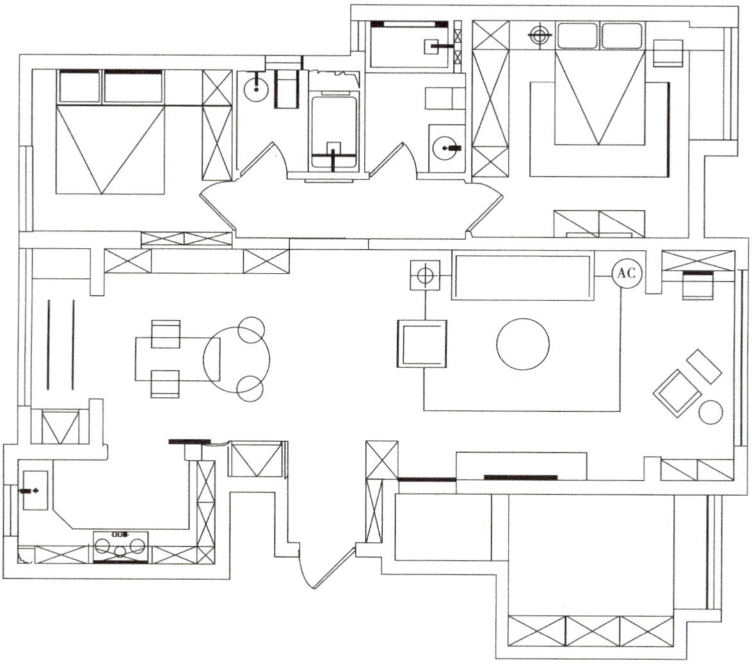

图 4.3.30　平面图

1. 客厅

客厅采用开敞式设计，增强空间通透感，可使用大窗户引入自然光，使客厅明亮宽敞。此外，可将阳台并入客厅，增加空间通透性。（图 4.3.31 和图 4.3.32）

图 4.3.31　客厅

2. 餐厅

餐厅空间的合理布局非常重要，追求审美和艺术价值的同时，也要满足用餐方便，餐桌的大小会影响到餐厅的容量和餐具摆设，除能有效使用外，也应考虑到舒适及餐边的收纳，餐厅与厨房相连或采用开放式设计，方便家人互动，也能让空间更开阔。（图 4.3.33）

图 4.3.32　阳台

图 4.3.33　餐厅

（四）法式奶油风格

法式奶油风格是一种结合了法式浪漫雅致情调和现代极简空间感的设计风格，它以柔和、浪漫的色彩和细腻的质感为特点。

1. 客厅

以奶油色系为基调，搭配多元材质与简约石膏线纹理勾勒墙体，沙发背景墙以艺术涂料彰显奶油风温柔治愈且不缺乏质感的特点，使用奶油风的沙发搭配复古风的地毯，采用子母组合茶几，丰富客厅的层次感。雕花的主灯造型设计堆叠出层次，落地窗的光线贯穿整个客厅，增加延伸感。（图 4.3.34 和图 4.3.35）

图 4.3.34　客厅 1

图 4.3.35　客厅 2

2. 卧室

延续与客厅一致的法式线条，加入圆形拱门设计，上方吊顶暗藏灯带使整个空间看起来更加立体。搭配室外的自然采光，让温暖充满卧室的每个角落。（图 4.3.36 至图 4.3.39）

图 4.3.36　卧室 1

图 4.3.37　卧室 2

图 4.3.38　卧室 3

图 4.3.39　卧室 4

3. 餐厅

奶油色的明暗对比、材质与肌理间的碰撞融合，打造出层次丰富的艺术感，以现代手法为框架，融入法式浪漫的线条装饰，墙面浅杏色艺术涂料与灰绿的巧妙对撞，白色餐桌搭配餐厅吊灯，增加了空间视觉灵动感。（图 4.3.40）

图 4.3.40　餐厅

思政园地：室内家居陈设品选择

在文化维度上，应选择融合传统工艺与现代设计的陈设品，如改良版景泰蓝台灯、新中式屏风等，既符合当代审美需求，又展现“天人合一”的传统智慧。这类物品通过创造性转化，使中华优秀传统文化在居家环境中获得新生，潜移默化地增强文化认同感。

在价值导向上，可适当陈列反映社会主义建设成就的文创产品，如高铁模型、航天主题装饰画等，但需对其进行艺术化处理避免说教化。这些物品将个人生活与国家发展相联系，形成“家国同构”的空间叙事，有助于个人培养爱国主义情怀。

在生态理念上，应优先选择用环保材料制作的工艺品，如竹编收纳盒、再生纸装饰画等。简约实用的设计风格既符合“绿水青山”的发展理念，也体现了“务实理性”的传统美德，提倡在日常生活中践行生态文明建设要求。

这种选择标准本质上是通过器物营造具有思政教育意义的生活空间，使家居环境成为滋养心灵、培育价值观的文化场域，实现“以美育人、以文化人”的深层目标。

课后

课后问题	答案区
每位学生运用软件制作 1 套家居陈设品搭配方案	